Fundamentos da química da madeira

Allini Klos Rodrigues de Campos

Rua Clara Vendramin, 58 | Mossunguê
CEP 81200-170 | Curitiba-PR | Brasil
Fone: (41) 2106-4170
www.intersaberes.com
editora@intersaberes.com

Conselho editorial
☐ Dr. Alexandre Coutinho Pagliarini
☐ Drª. Elena Godoy
☐ Dr. Neri dos Santos
☐ Mª. Maria Lúcia Prado Sabatella

Editora-chefe
☐ Lindsay Azambuja

Gerente editorial
☐ Ariadne Nunes Wenger

Assistente editorial
☐ Daniela Viroli Pereira Pinto

Preparação de originais
☐ Palavra Arteira Edição e Revisão de Textos

Edição de texto
☐ Letra & Língua Ltda. – ME
☐ Palavra do Editor

Capa e projeto gráfico
☐ Luana Machado Amaro (*design*)
☐ Guas/Shutterstock (imagem)

Diagramação
☐ Bruno Palma e Silva

D*esigner* responsável
☐ Luana Machado Amaro

Iconografia
☐ Regina Claudia Cruz Prestes
☐ Sandra Lopis da Silveira

Dados Internacionais de Catalogação na Publicação (CIP)
(Câmara Brasileira do Livro, SP, Brasil)

Campos, Allini Klos Rodrigues de
 Fundamentos da química da madeira / Allini Klos Rodrigues de Campos. -- Curitiba, PR : Editora Intersaberes, 2023. -- (Série análises químicas)

 Bibliografia.
 ISBN 978-85-227-0490-3

 1. Bioquímica - Estudo e ensino 2. Madeira I. Título. II. Série.

23-151856   CDD-572.07

Índices para catálogo sistemático:
1. Bioquímica : Estudo e ensino   572.07
Eliane de Freitas Leite - Bibliotecária - CRB 8/8415

1ª edição, 2023.

Foi feito o depósito legal.

Informamos que é de inteira responsabilidade da autora a emissão de conceitos.

Nenhuma parte desta publicação poderá ser reproduzida por qualquer meio ou forma sem a prévia autorização da Editora InterSaberes.

A violação dos direitos autorais é crime estabelecido na Lei n. 9.610/1998 e punido pelo art. 184 do Código Penal.

Sumário

Sobre a natureza da madeira □ 7
Como extrair o melhor da floresta □ 9

Capítulo 1
Estereoquímica □ 14
1.1 Isomeria óptica □ 15
1.2 Estereoisômeros □ 24
1.3 Nomenclatura de estereoisômeros □ 26
1.4 Nomenclatura do sistema R e S □ 29

Capítulo 2
Composição da madeira □ 40
2.1 Composição do tronco de árvore □ 41
2.2 Parede celular dos vegetais □ 46
2.3 Tipos de fibras vegetais da madeira □ 49
2.4 Anisotropia das madeiras □ 55
2.5 Vasos de condução de seiva □ 58

Capítulo 3
Lignina □ 72
3.1 Características químicas da lignina □ 73
3.2 Propriedades da lignina □ 78
3.3 Grupos funcionais da lignina □ 81
3.4 Ligações químicas na lignina □ 88
3.5 Classificação da lignina □ 88

Capítulo 4
Extrativos das plantas □ 97
4.1 Formação e funções dos extrativos □ 98
4.2 Processos extrativos □ 105

4.3 Produtos comerciais e resina ◻ 111
4.4 Preparo dos extratos para separação e identificação ◻ 118
4.5 Separação, purificação e identificação
dos constituintes ◻ 121

Capítulo 5
Tipos de plantas ◻ 130
5.1 Plantas superiores ◻ 131
5.2 Plantas inferiores ◻ 138
5.3 Monocotiledôneas ◻ 139
5.4 Dicotiledôneas ◻ 141
5.5 Criptógamas ◻ 145

Capítulo 6
Produtos de madeira ◻ 154
6.1 MDF ◻ 155
6.2 HDF e MDP ◻ 162
6.3 Painel compensado ◻ 164
6.5 Desempenho industrial de produtos florestais ◻ 167

Percurso concluído ◻ 180
Referências ◻ 182
Jornadas químicas ◻ 192
Mapa da trilha ◻ 194
Sobre a autora ◻ 200

Dedicatória

Dedico esta obra à minha família e aos meus amigos, pelo amor, pela compreensão e pelo incentivo na busca de novos desafios.

Agradecimentos

Agradeço a todas as pessoas que, de alguma forma, foram envolvidas na elaboração desta obra.

Sobre a natureza da madeira

A química da madeira é uma ciência que elucida os elementos presentes na formação de uma árvore, principalmente sua composição química. São os compostos químicos que, quando combinados, formam uma série de componentes responsáveis pela sustentação, forma, características e propriedades da madeira. A madeira é um material de extrema importância e que pode fornecer desde produtos relativamente simples, como painéis e papel, até compostos mais complexos, como a celulose, amplamente empregada nas indústrias química e farmacêutica, e a lignina, que atualmente é muito estudada para aplicação no setor de biocombustíveis.

Ao imergirmos na disciplina de Química da Madeira, observamos que existem diversas espécies de árvores, cada uma com sua particularidade, seja em sua forma, seja em sua composição química. Neste livro, apresentamos as principais características químicas da madeira, o modo como estas influenciam e determinam a utilização de algumas espécies florestais e os produtos que podem ser obtidos por meio da transformação desse material.

A versatilidade na aplicação da madeira como matéria-prima é possível porque ela é formada, predominantemente, por um relevante biopolímero denominado *celulose*. Além disso, a lignina, um dos principais componentes encontrados na madeira, é responsável pela estruturação dos vasos condutores, determinando a rigidez destes.

Nesta obra, abordamos todos esses aspectos, além de destacarmos a importância do conhecimento básico da estrutura da árvore, pois assim podemos aproveitá-la como matéria-prima de modo mais eficiente.

Este livro, organizado em seis capítulos, foi elaborado para oportunizar aos estudantes e pesquisadores conhecimento sobre a madeira, seus componentes estruturais e sua utilização principal, a fabricação de papel.

No Capítulo 1, tratamos da influência do arranjo espacial dos átomos em uma molécula, com as definições das estruturas químicas e suas configurações estequiométricas.

No Capítulo 2, analisamos a composição da estrutura da madeira, detalhando suas diferentes partes.

Nos dois capítulos seguintes, apresentamos os detalhamentos das substâncias da madeira. A lignina, um importante componente encontrado na parede celular dos vegetais, é objeto de estudo do Capítulo 3.

Abordamos os principais extrativos da madeira no Capítulo 4, contemplando a definição de suas funções e de sua formação, bem como delineando seu preparo para processos extrativos.

No Capítulo 5, examinamos os principais tipos de plantas e algumas das importantes espécies florestais.

Por fim, no Capítulo 6, evidenciamos os processos de fabricação de produtos de madeira e o desempenho dos principais produtos florestais, como carvão vegetal e celulose.

Boa leitura!

Como extrair o melhor da floresta

Empregamos nesta obra recursos que visam enriquecer seu aprendizado, facilitar a compreensão dos conteúdos e tornar a leitura mais dinâmica. Conheça a seguir cada uma dessas ferramentas e saiba como estão distribuídas no decorrer deste livro para bem aproveitá-las.

Iniciando a trilha

Logo na abertura do capítulo, informamos os temas de estudo e os objetivos de aprendizagem que serão nele abrangidos, fazendo considerações preliminares sobre as temáticas em foco.

Papéis culturais
Para ampliar seu repertório, indicamos conteúdos de diferentes naturezas que ensejam a reflexão sobre os assuntos estudados e contribuem para seu processo de aprendizagem.

Elemento fundamental!
Algumas das informações centrais para a compreensão da obra aparecem nesta seção. Aproveite para refletir sobre os conteúdos apresentados.

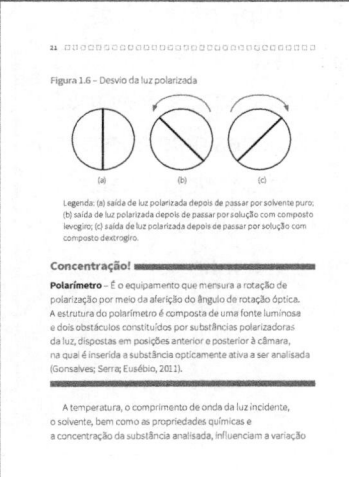

Concentração!
Apresentamos informações complementares a respeito do assunto que está sendo tratado.

Mecanismo prático
Nesta seção, articulamos os tópicos em pauta a acontecimentos históricos, casos reais e situações do cotidiano a fim de que você perceba como os conhecimentos adquiridos são aplicados na prática e como podem auxiliar na compreensão da realidade.

Finalizando a trilha

Ao final de cada capítulo, relacionamos as principais informações nele abordadas a fim de que você avalie as conclusões a que chegou, confirmando-as ou redefinindo-as.

> **Finalizando a trilha**
>
> Neste capítulo, destacamos que isômeros são compostos que têm a mesma fórmula molecular, porém diferem entre si na conectividade dos átomos. Vimos também que os isômeros ópticos são compostos que apresentam atividade óptica, a qual é definida como a capacidade de uma molécula com centro quiral desviar o plano da luz polarizada. Na sequência, abordamos os estereoisômeros, compostos que têm número de átomos e conectividade idênticos, mas são diferentes entre si na distribuição espacial, e verificamos que a nomenclatura desses compostos pode ser obtida por meio de três sistemas: o sistema (+)/(−); o tipo especial D/L; e o sistema R e S. Por fim, evidenciamos que, para nomear um estereoisômero, é preciso tomar como base as regras de Cahn, Ingold e Prelog.
>
> **Desafios do percurso**
>
> 1. A tetraciclina é conhecida como um antibiótico utilizado contra uma grande variedade de bactérias. Quantos carbonos assimétricos tem a tetraciclina?

Desafios do percurso

Apresentamos estas questões objetivas para que você verifique o grau de assimilação dos conceitos examinados, motivando-se a progredir em seus estudos.

> **Desafios do percurso**
>
> 1. A parede celular distingue células vegetais de animais – sua presença é a base de várias características das plantas. Os dois polímeros mais abundantes encontrados nos vegetais e que estão presentes em paredes celulares são a celulose, com propriedades cristalinas e formada por moléculas de glicose, e:
>   a) a lignina, a qual, sendo rígida, confere resistência à parede celular.
>   b) a suberina, típica do tecido protetor secundário, o súber.
>   c) a lignina, substância graxa complexa, presente nas células epidérmicas das plantas, formando a cutícula.
>   d) a suberina, formada pelos monômeros derivados dos álcoois coniferílico e cumarílico.
>   e) as substâncias pécticas, quimicamente próximas da hemicelulose.
>
> 2. Qual é a função dos reforços de lignina observados ao longo dos elementos de vaso e dos traqueídeos?
>   a) Em razão de sua composição química, a função dos revestimentos de lignina nos vasos condutores é de proteção contra o ataque de animais e insetos.
>   b) A lignina tem a função de manter as paredes celulares rígidas e impedir o colapso dos vasos lenhosos, cessando, assim, o movimento de seiva bruta.
>   c) A única função do reforço de lignina ao longo dos elementos de vaso na planta é a de sustentação.

Elementos práticos

Aqui apresentamos questões que aproximam conhecimentos teóricos e práticos a fim de que você analise criticamente determinado assunto.

Jornadas químicas

Nesta seção, comentamos algumas obras de referência para o estudo dos temas examinados ao longo do livro.

Capítulo 1

Estereoquímica

Com o objetivo de analisar os conceitos de isomeria de compostos orgânicos, este capítulo contempla tópicos de isomeria óptica, relacionando a atividade óptica, definida como a capacidade de uma molécula com centro quiral desviar o plano da luz polarizada, com as propriedades químicas e físicas de compostos orgânicos. Outro ponto importante a ser abordado é a estereoisomeria, que se constitui na propriedade dos compostos que têm número de átomos e conectividade idênticos, mas são diferentes entre si no arranjo espacial da molécula.

Para uma interpretação inequívoca de conceitos referentes à química da madeira, vamos descrever como se forma a nomenclatura desses compostos. Veremos que a nomenclatura pode ser obtida por meio de três sistemas: o sistema (+)/(−), baseado na direção na qual o isômero ótico gira o plano da luz polarizada; um tipo especial, o sistema D/L, específico para carboidratos; e o sistema R e S, o qual, por meio do método Cahn-Ingold-Prelog, determina uma prioridade entre os ligantes do carbono quiral.

1.1 Isomeria óptica

O conhecimento da estrutura tridimensional de uma molécula, seja ela orgânica, seja ela inorgânica, é fundamental para compreender seu arranjo no espaço. Para isso, é necessário conhecer a estereoquímica, parte da química que estuda a relação entre a fórmula estrutural tridimensional da molécula e as propriedades químicas resultantes dessa estrutura.

No estudo da química, esse tópico é de extrema importância, uma vez que abrange não apenas a química orgânica, mas também a química inorgânica e a físico-química.

Isômeros são compostos que têm as mesmas fórmulas moleculares, mas diferem na conectividade dos átomos na molécula, consequentemente conferindo propriedades químicas diversas a esses compostos. Os isômeros ópticos apresentam atividade óptica, a qual é definida como a capacidade de uma molécula com centro quiral, ou seja, com um carbono assimétrico, desviar o plano da luz polarizada, e as substâncias compostas por essas moléculas são consideradas opticamente ativas.

A existência da atividade óptica está diretamente sujeita à existência de um átomo de carbono ligado a quatro radicais distintos; esse átomo é conhecido como *carbono assimétrico*, formando um centro estereogênico (Figura 1.1).

Figura 1.1 – Carbono assimétrico

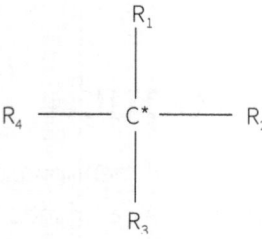

Legenda: C* = carbono assimétrico ou quiral, em que $R_1 \neq R_2 \neq R_3 \neq R_4$ são substituintes diferentes entre si.

Fonte: Wastowski, 2018, p. 2.

A quiralidade é uma propriedade geométrica relacionada à simetria da molécula, em que uma molécula quiral não se sobrepõe à sua imagem no espelho, e manifesta-se quando a molécula apresenta uma das seguintes características:

- um centro de quiralidade;
- um eixo de quiralidade;
- um plano de quiralidade;
- uma forma de hélice.

Essa qualidade permite que haja uma mudança de posição entre dois grupamentos no átomo de carbono, gerando uma substância que se caracteriza como a imagem especular da substância anterior (Figura 1.2).

Figura 1.2 – Imagem especular do carbono quiral

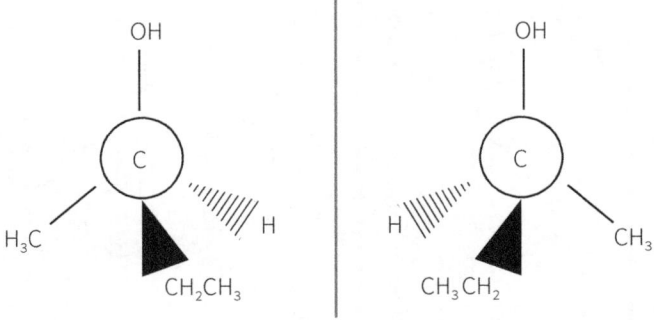

Os dois álcoois representados na Figura 1.2 têm as mesmas propriedades físico-químicas, porém, em razão dos diferentes sítios enzimáticos, as substâncias diferenciam-se na atividade biológica. A única maneira de diferenciá-las é por meio da análise em um polarímetro (equipamento que mensura a rotação de polarização com a aferição do ângulo de rotação óptica), pois uma das substâncias desviará a luz polarizada para a direita e a outra desviará a luz polarizada para a esquerda. Os enantiômeros ou isômeros ópticos, também conhecidos como *enantiomorfos* ou *entípodas ópticas*, são imagens especulares (ou do espelho) que não se sobrepõem (Figura 1.3).

Figura 1.3 – Enantiômeros, enantiomorfos ou antípodas ópticas

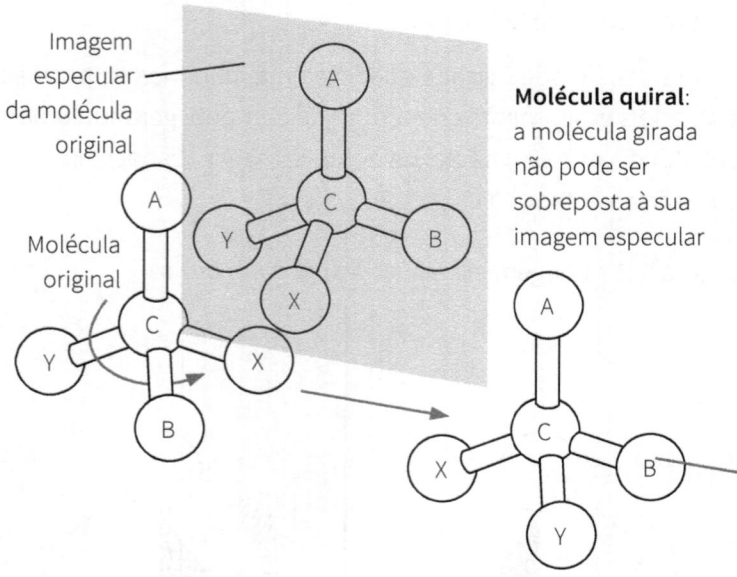

Fonte: Nelson; Cox, 2014, p. 17, grifo do original.

Como dito anteriormente, para uma molécula apresentar isômeros ópticos, é necessário que ela tenha em sua estrutura carbono assimétrico. Os enantiômeros têm em comum as mesmas propriedades químicas e físicas, distinguindo-se entre si apenas pela maneira como desviam a luz plano-polarizada.

A luz é um fenômeno ondulatório, que se relaciona com a vibração de ondas eletromagnéticas, onde se propaga em feixes de ondas, na direção do campo elétrico e do campo magnético, que formam um ângulo reto entre si.

É comum considerar apenas um dos campos, o que permite uma análise mais simplificada do fenômeno da luz polarizada. Logo, a luz polarizada é uma radiação que se diferencia pelo fato de a vibração ocorrer apenas em um dos planos que passam pela direção de propagação (Figura 1. 4).

Figura 1.4 – Luz normal e luz polarizada

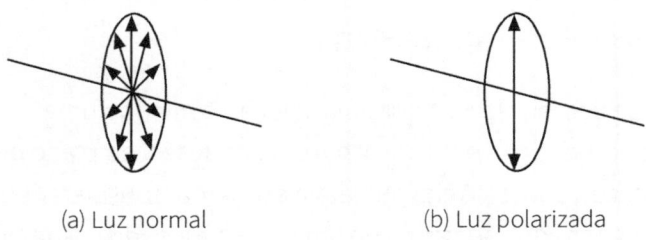

(a) Luz normal   (b) Luz polarizada

Fonte: Gonsalves; Serra; Eusébio, 2011, p. 27.

A luz se propaga em feixes de ondas na direção do campo elétrico e do campo magnético que formam um ângulo reto entre si. Ao se passar um feixe de luz por um polarímetro, uma das componentes desaparece, criando-se a luz polarizada, conforme indicado na Figura 1.5.

Figura 1.5 – Esquema geral de um polarímetro

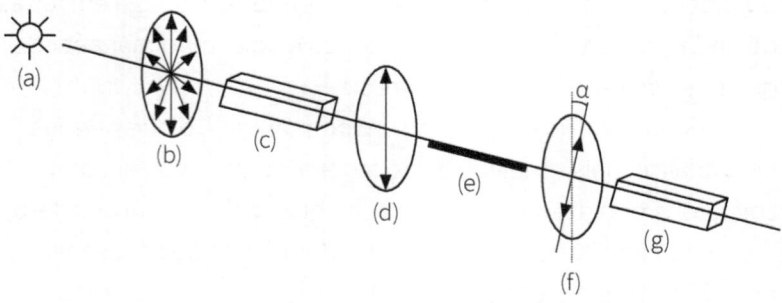

Legenda: (a) fonte de radiação, (b) luz normal, (c) polarizador, (d) luz plano-polarizada, (e) amostra, (f) luz polarizada desviada, (g) analisador.

Fonte: Gonsalves; Serra; Eusébio, 2011, p. 30.

Ao se passar essa luz por uma solução contendo uma substância opticamente ativa, haverá um desvio do plano de polarização para a direita ou para a esquerda, considerando-se o movimento dos ponteiros de um relógio. Quando o isômero óptico desvia a luz para a direita, é denominado *dextrogiro*; quando o desvio ocorre para a esquerda, é denominado *levogiro*.

A imagem a seguir representa o que se observa na ocular de um polarímetro depois de a luz polarizada passar através de uma solução contendo alguma substância quiral (Figura 1.6).

Figura 1.6 – Desvio da luz polarizada

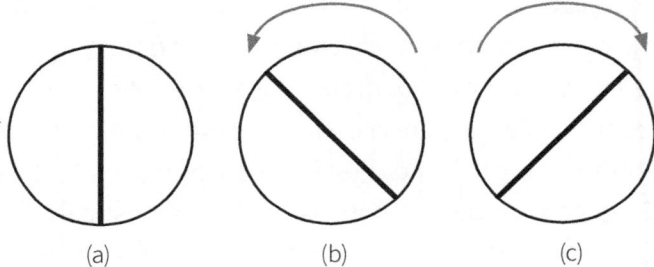

Legenda: (a) saída de luz polarizada depois de passar por solvente puro; (b) saída de luz polarizada depois de passar por solução com composto levogiro; (c) saída de luz polarizada depois de passar por solução com composto dextrogiro.

Concentração!

Polarímetro – É o equipamento que mensura a rotação de polarização por meio da aferição do ângulo de rotação óptica. A estrutura do polarímetro é composta de uma fonte luminosa e dois obstáculos constituídos por substâncias polarizadoras da luz, dispostas em posições anterior e posterior à câmara, na qual é inserida a substância opticamente ativa a ser analisada (Gonsalves; Serra; Eusébio, 2011).

A temperatura, o comprimento de onda da luz incidente, o solvente, bem como as propriedades químicas e a concentração da substância analisada, influenciam a variação da rotação óptica. No caso de uma solução constituída por duas substâncias opticamente ativas que não reagem, o ângulo de desvio será a soma dos dois ângulos de desvio obtidos.

Para isso se define um **padrão**: rotação específica (em graus) de uma substância é a rotação produzida pela luz no plano-polarizado por 1 g de substância dissolvida em 1 mL de solução, quando o comprimento da célula de amostra é de 1 dm; como padrão, o comprimento de onda da luz utilizada é do raio da lâmpada de sódio (589 nm), a uma temperatura (em grau Celsius) na qual foi realizada a medida.

Equação 1.1

$$[\alpha]_D^t = \frac{\alpha}{C \cdot l}$$

Em que:

$[\alpha]$ = rotação específica;

t = temperatura;

D = raio do comprimento de onda de uma lâmpada de sódio, dependente da temperatura;

α = rotação observada no polarímetro;

C = concentração da solução (g/mL);

l = comprimento do tubo (dm).

Mecanismo prático

Observe o resultado da equação:

$[\alpha]_D^{25} = +2,45$

Isso significa que, se a medida for realizada a 25 °C, a linha D de uma lâmpada de sódio (l = 589,6 nm) foi usada para a luz e que uma amostra contendo 1 mg/L da substância opticamente ativa em um tubo de 1 dm produziu uma rotação de 2,45° na direção horária.

Quando se misturam os enantiomorfos em quantidades iguais, obtém-se uma mistura dita *racêmica*, ou seja, opticamente inativa, pois as moléculas levogiras anulam o efeito das moléculas dextrogiras sobre a luz polarizada e vice-versa.

Elemento fundamental!

A **projeção de Fischer** corresponde a uma técnica utilizada para representar moléculas orgânicas tetraédricas em duas dimensões. O procedimento consiste na representação perpendicular dos ligantes da molécula na qual o carbono assimétrico se encontra, sempre na interseção dos radicais.

O traço horizontal simboliza as ligações que se aproximam do observador, à frente do plano, representadas pelas linhas em cunho. Os traços verticais simbolizam as ligações que estão na direção contrária ao observador, ou seja, atrás do plano, representadas pelas linhas tracejadas (Figura 1.7).

Figura 1.7 – Representação das ligações químicas

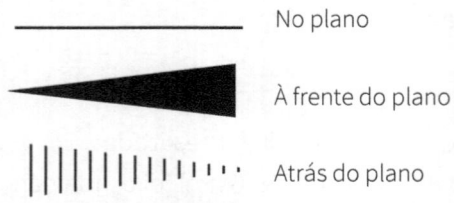

1.2 Estereoisômeros

Estereoisômeros são compostos que têm número de átomos e conectividade idênticos, porém diferem entre si na distribuição espacial. São classificados como geométricos e ópticos. Os **geométricos** não manifestam atividade óptica, e sua identificação é baseada na nomenclatura *cis* e *trans* para caracterizar seu arranjo espacial. O isômero cis corresponde à substância cujos ligantes iguais em cada átomo de carbono estão em um mesmo plano; no isômero trans, os ligantes se encontram em lados opostos. Já os **ópticos** têm centros quirais, apresentando, assim, atividade óptica.

Os estereoisômeros são subclassificados em **enantiômeros**, compostos cujas moléculas são imagens especulares que não se sobrepõem, e **diastereoisômeros**, os quais não têm associação entre si por imagem especular.

Mecanismo prático

Vamos considerar o par de estruturas a seguir e procurar saber se elas representam enantiômeros ou duas moléculas do mesmo composto em diferentes orientações.

Figura 1.8 – Possíveis enantiômeros

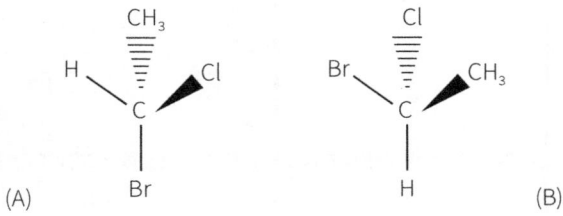

Uma maneira de abordar esse tipo de problema é tomar uma estrutura e, em nossa mente, segurá-la a partir de um grupo e girar os outros grupos até que, no mínimo, um grupo esteja no mesmo lugar do grupo correspondente na outra estrutura. Por meio de uma série de rotações como essa, você será capaz de converter a estrutura que está manipulando em uma que seja idêntica a outra, ou seja, idêntica à imagem especular.

Por exemplo, pegue a estrutura B, segure-a pelo átomo Cl e então gire os outros grupos em torno da ligação C* – Cl (em que o traço representa uma ligação química) até que o bromo esteja embaixo (como em A). Em seguida, segure-a pelo Br e gire os outros grupos em torno da ligação C* – Br. Isso tornará a estrutura B idêntica à estrutura A.

Figura 1.9 – Comprovação de substâncias enantiômeras

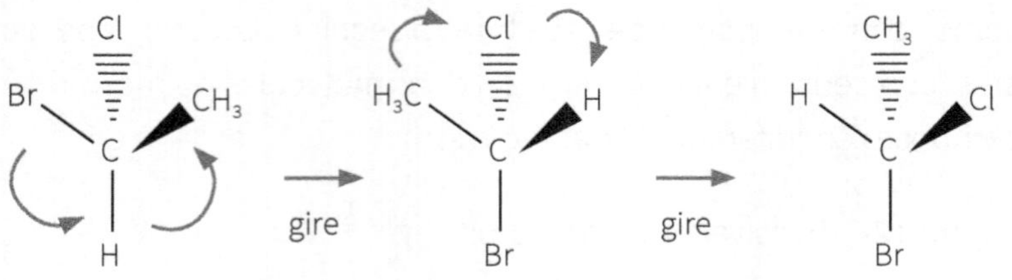

(B)　　　　(B)　　　　(B)
(Estrutura idêntica à estrutura A)

1.3 Nomenclatura de estereoisômeros

A nomenclatura de estereoisômeros pode ser obtida por meio de três sistemas: o sistema (+)/(−), o sistema D/L e o sistema R e S. O **sistema (+)/(−)** é baseado na direção na qual o enantiômero gira o plano da luz polarizada. Os compostos que giram para a direita são denominados *dextrogiros* (+), e aqueles que giram para a esquerda são chamados de *levogiros* (−). O **sistema D/L** é um tipo especial do sistema (+)/(−) e é aplicável somente à química dos carboidratos, mais especificamente aos monossacarídeos, especificando apenas a configuração de um estereocentro (Figura 1.10).

Figura 1.10 – Representação das moléculas D e L-glicose

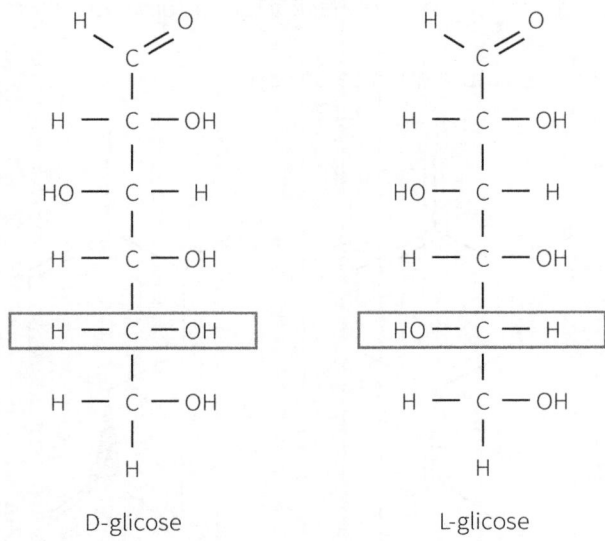

D-glicose   L-glicose

Fonte: Wastowski, 2018, p. 9.

Os monossacarídeos de cadeia aberta opticamente ativos são representados verticalmente com o grupo funcional aldeído ou cetona no topo, podendo configurar-se de maneira D ou L. **D** indica que o grupo funcional está à direita do último carbono assimétrico, desviando a luz polarizada à direita. Quando o grupo funcional está à esquerda, leva a nomenclatura **L**, desviando a luz polarizada à esquerda.

Mecanismo prático

A especificidade dos compostos quirais está no fato de que a (+)glicose é metabolizada e a (−)glicose, não. Outro exemplo é a carvona, em que a (−)carvona têm o odor característico da hortelã e a (+)carvona tem odor de essência de alcaravia – espécie botânica também conhecida como *cominho* (Figura 1.11).

Figura 1.11 – Estrutura química da carvona

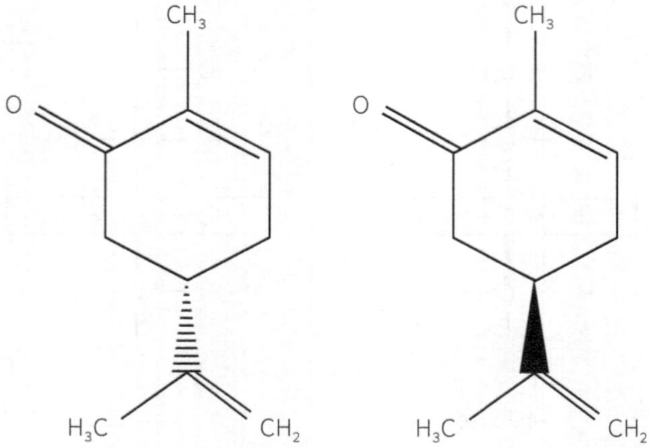

(+)carvona   (−)carvona

Fonte: Elaborado com base em Nogoceke, 2015.

O terceiro sistema é baseado na sequência em que os átomos ou grupos são encontrados ao redor do centro quiral. A esses grupos é atribuída uma prioridade de acordo com o **sistema Cahn-Ingold-Prelog** ou **sistema R e S**.

As configurações R e S permitem indicar, em um composto orgânico, a disposição espacial dos substituintes de um carbono ou centro quiral. Adiciona-se R ou S entre parênteses como prefixo do nome da molécula orgânica para indicar a configuração, ou seja, o ordenamento espacial dos átomos ou grupos de átomos ao redor do carbono assimétrico. A simbologia **R** e **S** advém das palavras *rectus* (direita) e *sinistre* (esquerda), respectivamente. No caso de ser mais de um o centro estereogênico, indicam-se, separados por vírgula, o descritor *R* ou *S* de cada um, precedidos do número ou localizador que identifica sua posição.

1.4 Nomenclatura do sistema R e S

Para nomear um estereoisômero específico, é necessário basear-se nas regras de Cahn-Ingold-Prelog, sistematização elaborada e aperfeiçoada pelos químicos Robert S. Cahn, Christopher Ingold e Vladimir Prelog em um artigo publicado em 1966 (Wastowski, 2018), sendo estabelecidas regras de prioridades dos substituintes ligados ao estereocentro:

1. Identificar os substituintes do centro estereogênico e ordená-los de forma decrescente de prioridade, de acordo com as regras de prioridade de Cahn-Ingold-Prelog (a prioridade é determinada pelo número atômico – o átomo de maior número atômico tem maior prioridade).
2. Orientar a molécula de modo que o substituinte de menor prioridade esteja apontado para o lado oposto ao do observador, ou seja, o grupo de menor prioridade deve estar entrando no plano do papel.

3. Observar os outros três substituintes de maior prioridade apontados para observador e verificar se a ordem de precedência desses substituintes decresce no sentido horário ou anti-horário.
4. Se o sentido for horário, a configuração será R (do latim, *rectus*); se for anti-horário, será S (do latim, *sinistre*).

As regras de prioridade são estabelecidas da seguinte forma (Cahn; Ingold; Prelog, 1966):

1. Números atômicos maiores têm prioridade sobre menores.
2. Quando dois átomos ligados são idênticos, os átomos ligados devem ser comparados com base em seus números atômicos – a prioridade é estabelecida no primeiro ponto de diferença.
3. Deve-se trabalhar para fora a partir do ponto de conexão, comparando todos os átomos ligados a um átomo particular antes de prosseguir adiante ao longo da cadeia.
4. Ao trabalhar para fora a partir do ponto de conexão, é preciso sempre avaliar os átomos substituintes um a um, nunca como um todo.
5. Deve-se orientar a molécula de modo que o substituinte de menor prioridade esteja apontado para o lado oposto ao do observador.

Em resumo, é necessário identificar os substituintes do centro estereogênico e ordená-los em ordem decrescente de precedência, de acordo com as regras de prioridade de Cahn-Ingold-Prelog. A precedência é determinada pelo número atômico, trabalhando-se para fora a partir do ponto de conexão no centro estereogênico.

Mecanismo prático

Como atribuir a configuração R ou S para a molécula de 2-bromobutano?

Inicialmente, verifique a ordem de prioridade dos substituintes do carbono quiral:

- Br – prioridade 1;
- CH_3CH_2 – prioridade 2;
- CH_3 – prioridade 3;
- H – prioridade 4.

Em seguida, o observador colocará o grupo de última prioridade o mais afastado possível do carbono quiral.

Figura 1.12 – 2-bromobutano

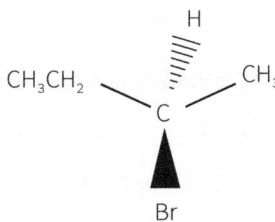

Observe se a sequência de prioridade está no sentido horário (R) ou anti-horário (S).

Figura 1.13 – Aplicação da configuração R e S para o 2-bromobutano

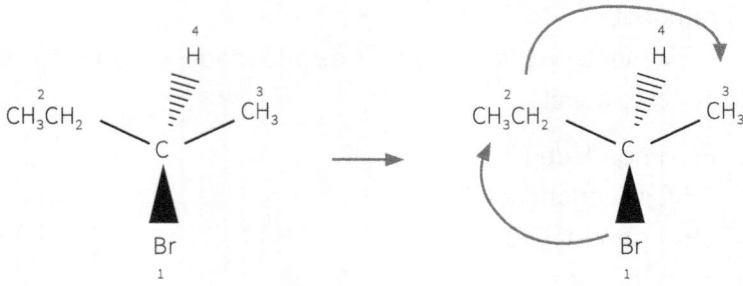

Portanto, como você pode verificar, a prioridade está no sentido horário. Assim, esse centro quiral tem configuração R e o composto é denominado (R) 2-bromobutano.

Papel cultural

O Avogadro é um *softtware* totalmente gratuito de modelagem molecular em 3D. Por meio desse programa, é possível montar moléculas, otimizar sua geometria e visualizar modelos em diversos formatos.

AVOGRADO. Disponível em: <https://avogadro.cc>. Acesso em: 5 mar. 2023.

Finalizando a trilha

Neste capítulo, destacamos que isômeros são compostos que têm a mesma fórmula molecular, porém diferem entre si na conectividade dos átomos. Vimos também que os isômeros ópticos são compostos que apresentam atividade óptica, a qual é definida como a capacidade de uma molécula com centro quiral desviar o plano da luz polarizada. Na sequência, abordamos os estereoisômeros, compostos que têm número de átomos e conectividade idênticos, mas são diferentes entre si na distribuição espacial, e verificamos que a nomenclatura desses compostos pode ser obtida por meio de três sistemas: o sistema (+)/(−); o tipo especial D/L; e o sistema R e S. Por fim, evidenciamos que, para nomear um estereoisômero, é preciso tomar como base as regras de Cahn, Ingold e Prelog.

Desafios do percurso

1. A tetraciclina é conhecida como um antibiótico utilizado contra uma grande variedade de bactérias. Quantos carbonos assimétricos tem a tetraciclina?

Tetraciclina

a) 3.
b) 4.
c) 5.
d) 6.
e) 8.

2. Considerando que o composto 2-bromopentano tem apenas um centro quiral, assinale a alternativa que indica corretamente os ligantes de seu carbono quiral:
   a) $-H$, $-CH_3$, $-Br$ e $-CH_2CH_2CH_3$.
   b) $-H$, $-CH_2CH_2CH_2CH_3$, $-Br$ e $-H$.
   c) $-OH$, $-CH_3$, $-Br$ e $-CH_2CH_2CH_3$.
   d) $-H$, $-Br$, $-Br$ e $-CH_2CH_2CH_3$.
   e) $-H$, $-CH_2CH_2CH_2CH_3$, $-Br$ e $-OH$.

3. Atualmente, é possível sintetizar em laboratórios compostos enantioméricos que atuam como fármacos, a exemplo da dopamina. O isômero D não tem atividade biológica, e o isômero L apresenta atividade contra o parkinsonismo. Observe a figura a seguir:

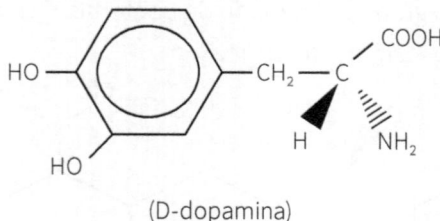

(D-dopamina)

Agora, assinale a alternativa que ilustra a L-dopamina:

4. Muitas moléculas têm mais de um centro quiral e, portanto, uma série de isômeros possíveis. Considere as quatro representações químicas a seguir para a molécula de 2-bromo-3-clorobutano e assinale a alternativa que apresenta a afirmação correta:

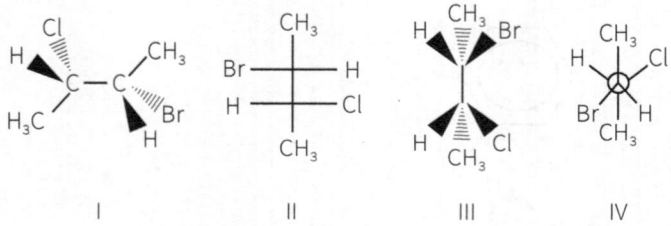

a) A configuração absoluta de I é 2S, 3R.
b) I e II são diasterisômeros.
c) I e III são enantiômeros.
d) I e IV são compostos idênticos.
e) IV tem isômeros ópticos.

5. Considere os seguintes carboxilatos:

Glicina

Serina

Cisteína

Isoleucina

Com relação à estereoquímica desses carboxilatos, analise as afirmativas a seguir e marque V para as verdadeiras e F para as falsas:

( ) A glicina é um composto aquiral.
( ) A cisteína tem dois carbonos quirais.
( ) Na molécula de serina, o carbono com a dupla ligação com o oxigênio é o carbono assimétrico.
( ) A molécula de isoleucina está representada pela configuração de Fischer.

Agora, assinale a alternativa que apresenta a sequência correta:

a) F, V, V, F.
b) V, F, F, V.
c) V, V, V, F.
d) V, V, F, V.
e) F, F, V, F.

Elementos práticos

1. A talidomida é uma substância usualmente receitada como sedativo, anti-inflamatório e hipnótico. Introduzida comercialmente no final da década de 1950, foi muito utilizada no tratamento de náuseas em grávidas nos primeiros meses de gestação. Anos mais tarde, houve casos de má-formação congênita em recém-nascidos que foram associados ao consumo da talidomida, isso porque, inicialmente,

o fármaco era administrado como uma mistura racêmica dos enantiômeros R e S, sendo o enantiômero S o causador da má formação nos bebês (Lima; Fraga; Barreiro, 2001). Explique por que essa má formação congênita ocorre.

2. A presença da metanfetamina – uma droga alucinógena ilícita – em fluidos biológicos pode ser determinada por espectrometria de massa. O espectro de massa da metanfetamina apresenta um pico de 58 u, bastante característico.

$$\text{C}_6\text{H}_5-\text{CH}_2\text{CHNHCH}_3 \text{ (com substituinte } \text{CH}_3\text{)}$$

Considerando a fórmula estrutural, indique se existem enantiômeros da metanfetamina capazes de desviar a luz polarizada.

3. Construa moléculas em três dimensões para o entendimento da isomeria óptica.

Materiais:
- palitos de dente;
- bolinhas de isopor em tamanhos diferentes;
- tintas em diversas cores e pincel.

Procedimentos:

Monte a estrutura de um tetraedro, no qual o carbono quiral deve ser representado pela bolinha de isopor de tamanho médio. Ao redor, espete com os palitos de dente (que representam as ligações químicas) quatro bolinhas de tamanhos e cores diversas (representando os quatro ligantes diferentes do carbono quiral). Em seguida, monte a mesma estrutura, mantendo a posição dos ligantes.

Discussão:

Tente posicionar as estruturas construídas uma sobre a outra e verifique se as bolinhas de cores iguais ficam exatamente na mesma posição. Nesse caso, é possível observar que as moléculas são sobreponíveis, ou seja, podem ser posicionadas uma sobre a outra, de modo que as posições dos ligantes de mesma cor vão coincidir. Com isso, podemos concluir que as duas são a mesma molécula ou enantiômeros.

Capítulo 2

Composição da madeira

Considerando a composição morfológica do tronco de uma árvore, neste capítulo, vamos demonstrar que essa estrutura pode ser subdivida em diversas segmentações com funções e propriedades específicas. Complementarmente, analisaremos uma característica particular das células vegetais: a parede celular – que se caracteriza como uma fina camada muito resistente, responsável por diversas funções de extrema importância no crescimento e no desenvolvimento do tronco, para posterior produção de madeira.

Apresentaremos também os principais tipos de fibras vegetais e o modo como ocorre sua formação. Em seguida, analisaremos uma característica típica encontrada na madeira: a anisotropia, em que uma substância tem determinada propriedade física variável conforme a direção. Por fim, examinaremos os vasos condutores de seiva, descrevendo como acontece o transporte de água e nutrientes pela planta e como esse transporte influencia cada tipo de madeira.

2.1 Composição do tronco de árvore

Caracterizado macroscopicamente como um material heterogêneo, o tronco de uma árvore é constituído por grupamentos celulares dotados de determinados atributos para cumprir funções essenciais para o crescimento, como sustentação da planta, condução e armazenamento de água e substâncias nutritivas.

O tronco da árvore apresenta distintas regiões macroscópicas, com funções que garantem a estrutura e a sobrevivência da planta. Sua capacidade de ter diferentes estruturas é reflexo de um vasto conjunto de propriedades físicas, como densidade, permeabilidade e capilaridade, que variam conforme a árvore, definindo as estruturas como lenhosas e uma engenhosa organização arquitetônica.

O lenho da árvore pode ser definido como um conjunto de tecidos formados por células que têm paredes celulares espessas, cujas formas e tamanhos podem variar de acordo com a espécie. O tronco apresenta distintas regiões macroscópicas, com funções que garantem a estrutura e a sobrevivência da árvore, sendo elas o cerne, o alburno, o câmbio, a casca interna (floema) e a casca externa (Figura 2.1).

Figura 2.1 – Diferentes regiões do tronco de uma árvore

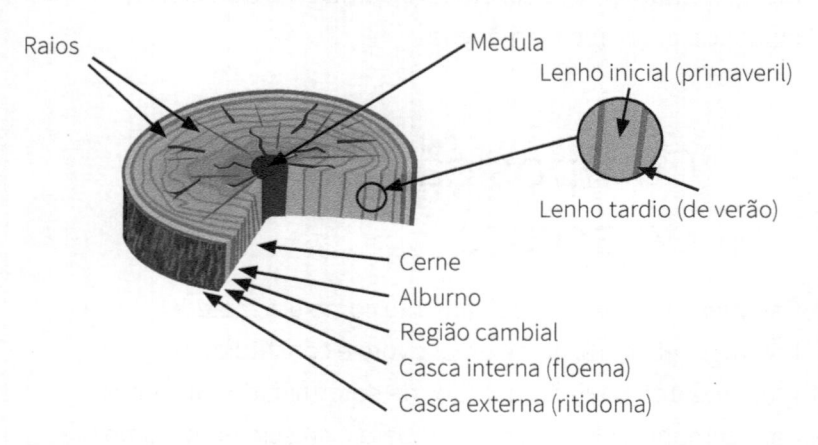

Fonte: White, 1980, p. 88.

A casca, que tem a função de proteção física e mecânica do caule, é formada pela casca externa, conhecida como *ritidoma*, e pela casca interna, também chamada de *floema*. O **ritidoma** refere-se ao conjunto de tecidos mortos localizados na parte externa do tronco e tem a função de proteção física, principalmente contra ressecamento, ataques fúngicos e variações climáticas. O **floema** é um tecido complexo que realiza a condução de substâncias.

O **câmbio** é uma fina camada – localizada entre o xilema (ou lenho) e o floema – constituída de células meristemáticas, responsáveis pelo crescimento da árvore em diâmetro. O **lenho**, ou xilema, compreende a região do cerne e do alburno, sendo protegido pela casca externa, constituída de tecido morto e suberizado. Tem a função de proteção das regiões internas às ações do tempo e de organismos decompositores.

Na região mais interna do tronco estão o cerne e a medula. A **medula** corresponde ao tecido formado no primeiro ano de crescimento da árvore e está localizada na região central do tronco. É constituída de tecido parenquimático, caracterizando-se por uma textura esponjosa e colocação escura, e não apresenta resistência mecânica ou durabilidade, o que favorece a atividade de espécies fúngicas, eventualmente ocasionando o apodrecimento local.

O **cerne** envolve a medula e é resistente à decomposição pelo fato de naturalmente não ser suscetível à ação de insetos xilófagos (que se alimentam de madeira). Essa região é composta por densas camadas lignificadas (lenhosas) de células mortas, que dão características comerciais ao material, como coloração escura e alta durabilidade. O alburno caracteriza-se como uma região de coloração mais clara que circunda o cerne, sendo formada por células vivas que são responsáveis pela condução de água e solutos dissolvidos dentro da planta.

Concentração!

□ **Dendrologia** – É a ciência que estuda as plantas lenhosas, ou seja, que podem produzir madeira para suporte de seus caules (Rizzini, 1978).

□ **Dendrocronologia** – É o ramo da ciência que se dedica ao estudo da datação dos anéis de crescimento (Rizzini, 1978).

A constituição micromolecular fundamental do lenho é essencialmente carbono; aproximadamente metade do peso seco da madeira é composta desse elemento, que é indispensável para a sobrevivência e o crescimento da planta, uma vez que é o constituinte principal da glicose e de outros compostos que a planta transforma em celulose, energia e substâncias de defesa. Outros elementos encontrados na madeira são oxigênio, hidrogênio e nitrogênio.

Em razão da alta demanda de carbono para executar processos fisiológicos, como a fotossíntese, por exemplo, a planta absorve da atmosfera elevadas quantidades desse elemento, que fica alocado no tronco das árvores. Por essa razão, Gatto et al. (2011) apontam que as árvores são consideradas por muitos pesquisadores como as "sequestradoras" de carbono, ou seja, são um importante dreno de carbono, que é um dos principais agentes responsáveis pela poluição do ar.

A quantidade de carbono nos componentes do lenho se altera conforme a espécie e a idade da árvore. Como mencionado anteriormente, cerca de metade da composição química elementar da madeira é formada por carbono, pois esse elemento é constituinte essencial de moléculas orgânicas que compõem unidades monoméricas básicas de importantes elementos macroscópicos que formam a estrutura da madeira: celulose, hemicelulose, lignina e outros extrativos.

Na composição da madeira, além de carbono, oxigênio, hidrogênio e nitrogênio, há outros elementos que compõem a microestrutura do tronco, como potássio, fósforo, cálcio, magnésio, cobre, boro, zinco, enxofre, manganês e ferro. As proporções desses elementos no lenho podem variar conforme a idade ou a espécie da planta, a área de cultivo e as práticas de manejo adotadas.

Mecanismo prático

Um grupo de amigos realizava uma trilha na floresta e, para não se perderem, decidiram realizar cortes em círculo ao redor do tronco de algumas árvores que estavam pelo caminho. Esse corte foi feito com um canivete e consistia em um círculo no tronco a uma altura de cerca de 1,65 m do solo. Ao retornarem, verificaram que algumas árvores estavam dando indícios de perda de funções vitais. Como podemos explicar o que ocorreu?

Uma vez que as árvores cortadas estavam indicando uma possível perda de sinais vitais, é possível concluir que os amigos tenham seccionado o alburno, porção do lenho que contém os vasos condutores de seiva, responsáveis por nutrir a planta desde as raízes até as folhas, ou seja, rompendo-se esses vasos, impediu-se que tais plantas fossem nutridas, perdendo, assim, suas funções vitais.

2.2 Parede celular dos vegetais

A célula vegetal difere da célula animal por ter uma estrutura específica: a parede celular – que determina a estrutura da célula, a textura dos tecidos vegetais e muitas características essenciais que permitem reconhecer plantas como organismos. A parede celular (Figura 2.2) caracteriza-se como uma fina camada, porém muito resistente, formada por uma combinação complexa de polissacarídeos, principalmente a celulose, e diversos compostos secretados pela célula e que são arranjados de maneira extremamente organizada por meio de ligações covalentes e não covalentes.

Figura 2.2 – Organização da parede celular de uma célula vegetal

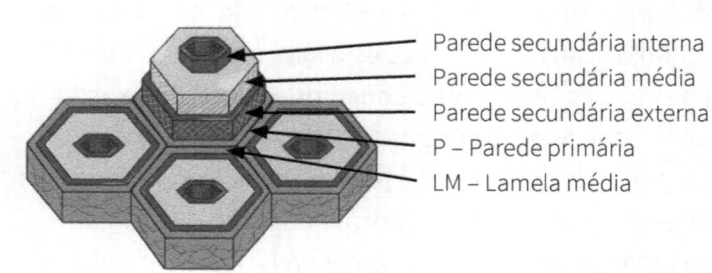

Parede secundária interna
Parede secundária média
Parede secundária externa
P – Parede primária
LM – Lamela média

Ingrid Skåre

Fonte: Elaborado com base em Fengel; Wegener, 1984.

É possível classificar a parede celular em dois tipos: primária e secundária. A **parede celular primária** tem espessura que varia entre 0,1 e 0,2 µm (micrômetro) e é constituída principalmente de polissacarídeos, como a celulose e a hemicelulose em forma de fibras delgadas, que se arranjam de maneira a constituir espécies de redes, as quais são depositadas durante o crescimento celular e devem, simultaneamente, promover estabilidade mecânica e ser suficientemente flexíveis para permitir a expansão das células, assim evitando sua ruptura.

Já a **parede celular secundária** apresenta compostos de celulose e hemicelulose, conferindo uma estrutura mecanicamente estável à planta. Pode ser dividida em três camadas: externa, média e interna (Quadro 2.1).

Quadro 2.1 – Camadas da parede celular secundária

Camada externa	Esta camada assemelha-se muito à parede primária por ser lignificada e tem espessura de 0,2 a 0,3 µm. As fibras de celulose se apresentam em orientação espiral cruzada, em que há diversas subcamadas que se sobrepõem, formando entre si ângulos entre 50° e 70°.
Camada média	É a camada mais espessa da parede celular, podendo variar entre 1 e 9 µm. As fibras formam ângulos retos em relação ao eixo da célula.
Camada interna	Nesta camada, as fibras de celulose são arranjadas de maneira levemente inclinada, em que há uma concentração maior de substâncias não estruturais, o que confere à superfície uma aparência próxima ao aspecto liso.

Além das paredes primária e secundária, outra importante estrutura da parede celular é a **lamela média**, uma região de união entre paredes primárias adjacentes. Trata-se de uma fina camada, constituída de pectina altamente lignificada, que tem como função unir células que estão próximas umas às outras. A pectina (Figura 2.3) é um polissacarídeo ramificado constituído de uma cadeia principal linear de unidades repetidas do ácido D-galacturônico, unidas por ligações covalentes.

Figura 2.3 – Representação da estrutura química de uma cadeia de pectina

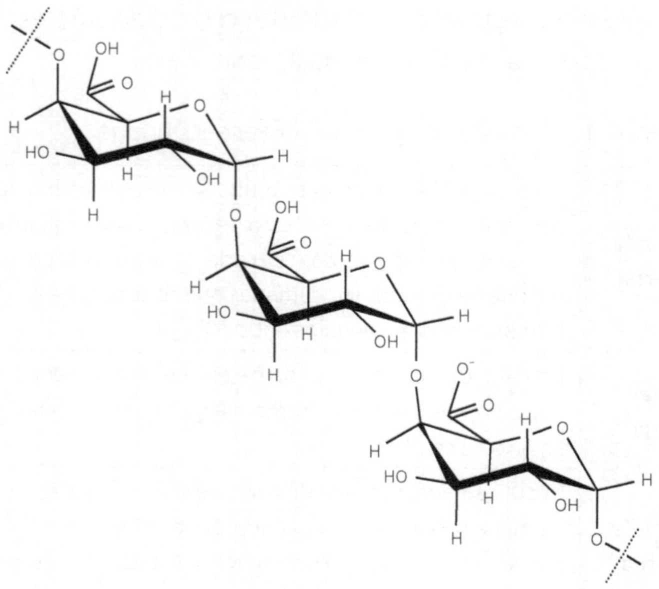

Fonte: Wastowski, 2018, p. 32.

2.3 Tipos de fibras vegetais da madeira

Via de regra, as madeiras são categorizadas de duas formas. Podem pertencer à categoria das **coníferas**, que podem ser representadas pelo grupo das gimnospermas, as quais têm como características principais a folhagem em formato de agulha e a inexistência de frutos, ou seja, apresentam sementes descobertas. Podem também pertencer à categoria das **folhosas**, representadas pelo grupo das angiospermas dicotiledôneas, as quais apresentam folhas largas e sementes protegidas por frutos como características principais.

Para a produção de papel, são utilizados dois tipos de fibras de celulose, com diferentes características físicas e químicas: fibras curtas e fibras longas. As **fibras curtas** são originárias de folhosas, como eucalipto, e têm comprimento de 0,5 a 2,0 mm. As **fibras longas** derivam de coníferas, como pínus, e têm comprimento entre 2 e 5 mm.

A mistura de celulose de coníferas e folhosas é bastante comum para a produção de diferentes tipos de papéis. Polpas celulósicas de pínus e eucalipto são usadas para a produção de papéis com propriedades de nível superior ao daqueles feitos com polpas isoladamente.

As moléculas de celulose que compõem as fibras vegetais estão agrupadas na forma de fibras delgadas, constituindo microfibras e macrofibras, cujas dimensões variam conforme a espécie vegetal (Quadro 2.2).

Quadro 2.2 – Características dos tipos de fibras da celulose

Característica	Fibras de celulose	
	Coníferas	Folhosas
Diâmetro da fibra	Entre 20 e 50 mm	Entre 20 e 50 mm
Comprimento	Entre 2 e 5 mm	Entre 0,5 e 2 mm
Espessura da parede primária	De 3 a 5 mm	De 3 a 5 mm
Tipo de fibras	Longas	Curtas e macias
Resistência mecânica	Mais resistente	Menos resistente
Rendimento	Cerca de 48%	Maior que 50%
Aplicação	Papéis de embalagens	Papéis de impressão e escrita

Fonte: Elaborado com base em Wastowski, 2018.

Concentração!

Nas madeiras provenientes de coníferas, as células têm a característica de promover simultaneamente suporte mecânico e transporte de água e nutrientes. Já as madeiras provenientes de folhosas apresentam células especializadas específicas para cada uma dessas funções (Castro; Guimarães, 2018).

Estruturalmente, as madeiras derivadas de coníferas são relativamente simples, sendo compostas quase em sua totalidade de um único padrão celular, os traqueídeos, células alongadas de comprimento entre 2 e 5 mm. Por outro lado, a estrutura das madeiras derivadas de folhosas é mais complexa e apresenta maior diversidade nos modelos de composição e organização celular (Figura 2.4).

Figura 2.4 – Comparativo entre tecidos de coníferas e folhosas

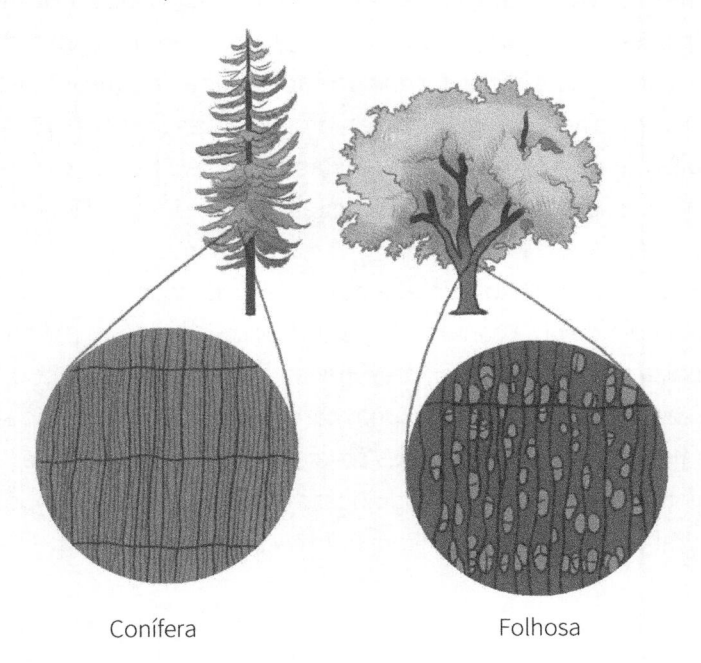

Conífera   Folhosa

Fonte: Elaborado com base em Rowell, 2005, p. 12.

São três os tipos básicos de células encontradas em folhosas. As **células de vasos** com 0,2 a 0,5 mm e as **fibras** de comprimento entre 1,0 e 2,0 mm são encontradas em maior quantidade e desempenham funções de condução de água e sustentação, respectivamente. Já as **células do raio** que constituem o parênquima radial, com 0,1 a 0,3 mm de comprimento, têm função de armazenamento.

As camadas da parede celular vegetal são formadas por microfibras delgadas celulósicas orientadas no espaço de forma definida, em que várias moléculas de glucose se unem por meio de ligações glicosídicas, formando cadeias lineares que interagem entre si por meio de ligações de hidrogênio. Esse processo resulta em uma estrutura denominada *fibrila elementar*, que se caracteriza por ter alto grau de cristalinidade e insolubilidade em água.

Então, diversas fibras elementares são reunidas por intermédio de uma camada única de hemicelulose (um polímero de baixa massa molecular, presente na parede celular), sendo, em seguida, envolvidas por uma matriz mediante uma associação de interações físicas e ligações covalentes de hemicelulose e lignina (Figura 2.5). O resultado dessa associação é um compósito natural conhecido como *microfibrila celulósica*.

Figura 2.5 – Formação das fibras celulósicas

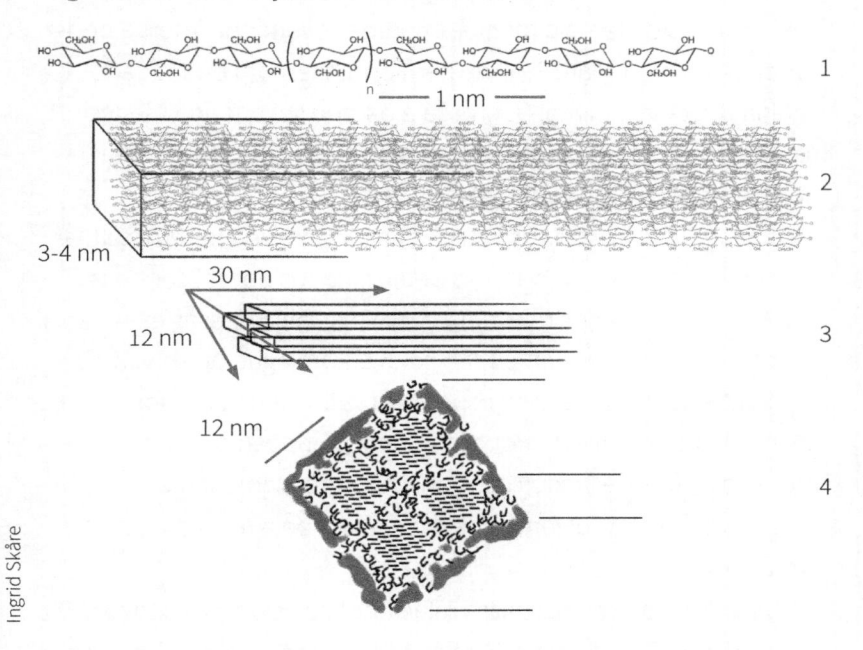

Legenda: (1) ligações entre moléculas de glucose; (2) interações entre as cadeias lineares adjacentes formando a fibrila elementar; (3) associação entre quatro fibrilas elementares adjacentes; (4) formação da microfibrila de celulose

Fonte: Ramos, 2003, p. 863, tradução nossa.

A proporção entre celulose, hemicelulose e lignina que compõem a parede celular depende da espécie vegetal e pode variar entre as camadas. Comumente, o teor de lignina encontrado em madeiras de coníferas é superior àquele encontrado em madeiras de folhosas, em média 30% e 21%, respectivamente.

No entanto, ao passo que a lignina corresponde a até quase 85% do peso da lamela média, a parede secundária interna pode ser constituída por até 87% de hemicelulose, com quantidade lignina próxima ou igual a zero. Já a parede secundária média, usualmente mais espessa do que as demais, apresenta normalmente 55% de celulose.

A diferenciação das estruturas constituintes da parede celular é de extrema importância, pois determinados polissacarídeos não são considerados relevantes para o arranjo dessas estruturas. Vários desses componentes são solúveis em água ou solventes orgânicos neutros, por isso especialistas convencionaram chamá-los de *extraíveis*. Por outro lado, compostos como proteínas e sais de ácidos inorgânicos podem apresentar insolubilidade em solventes* responsáveis pela retirada dos extraíveis.

Os extrativos, muitas vezes relacionados às propriedades organolépticas, são formados por compostos de massa molar reduzida e normalmente utilizados em etapas metabólicas da planta. Quimicamente, os extrativos podem ser moléculas de açúcares, compostos aromáticos, ceras ou ácidos graxos.

Usualmente, os extrativos constituem entre 2% e 8% da massa seca total, sendo os teores encontrados em folhosas geralmente superiores àqueles presentes em coníferas. Tais compostos executam uma função essencial no processo de decomposição da madeira, pois podem atuar como catalisadores que estimulam

---

* Nesse caso, as proteínas e os sais ácidos inorgânicos não são solúveis nas substâncias (solventes) responsáveis pela retirada dos extraíveis das plantas.

a redução de íons metálicos, como o Fe^{3+}, e a atividade de enzimas, como a manganês peroxidase, favorecendo a biodegradação. Em contrapartida, também podem atuar como protetores da madeira contra o ataque de micro-organismos, em razão da atividade antimicrobiana exibida por vários de seus componentes.

2.4 Anisotropia das madeiras

A anisotropia ocorre quando as propriedades físicas de um material se tornam diferentes conforme a direção em que são analisadas. O processo de contração e inchaço da madeira provoca movimentos que ocorrem desigualmente de acordo com os sentidos anatômicos tangencial, radial e longitudinal.

No caso da madeira, sua anisotropia é resultado da maneira como o lenho da árvore se desenvolve, caso em que se verificam certa simetria axial de crescimento e uma orientação preponderante das células que o constituem. Por meio de um corte realizado em um tronco, podem ser observados diferentes planos, direções ou seções (Figura 2.6).

Figura 2.6 – Anisotropia da madeira

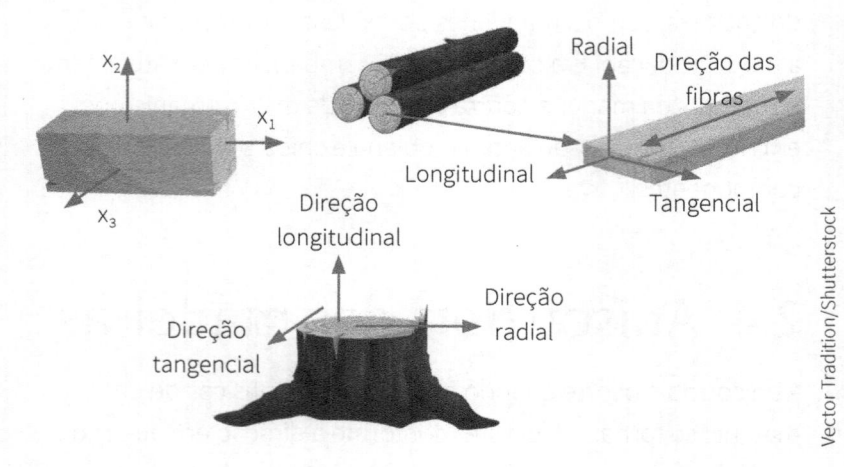

Fonte: Santos, 2018, p. 11.

O sentido **longitudinal** corresponde ao eixo paralelo às fibras da madeira. O plano **radial** é gerado ao se cortar um tronco segundo a orientação de um raio, ou seja, de maneira perpendicular aos anéis de crescimento; nessa superfície, os anéis formam um conjunto de linhas paralelas no qual os raios podem ser observados como pequenas manchas. Já a seção **tangencial** refere-se à superfície que tangencia os anéis de crescimento, com orientação normal aos raios.

Ainda podemos verificar a seção **transversal**. Ao analisarmos a extremidade do lenho, verificamos que, nesse plano, os anéis de crescimento se apresentam como círculos concêntricos, nos quais os raios são observados como traçados perpendiculares aos anéis. A importância prática das diferenças nas propriedades da relação entre as seções radial e tangencial é irrelevante, porém é necessário diferenciar as propriedades na direção longitudinal e perpendicular às fibras principais.

O fenômeno da anisotropia de contração e inchamento está ligado às oscilações dimensionais do material em virtude da presença ou ausência de água higroscópica (aquela fracamente ligada às partículas) da madeira. Na prática, a diferença entre as propriedades no sentido longitudinal e radial é uma considerável adversidade que ocorre nos processos de aplicação do material, o que afeta e limita o uso industrial da madeira.

Em virtude do processo na contração e inchamento nos sentidos longitudinal, radial e tangencial da madeira, previamente ao seu beneficiamento é fundamental que haja um controle de seu teor de umidade, o qual deve ser igual ou próximo ao equilíbrio em função das variáveis do ambiente em que o material será aplicado. Como consequência, a madeira não é afetada de maneira relevante por possíveis eventos de contração ou inchamento e, portanto, não estará sujeita a deformações até que atinja um novo teor de umidade em equilíbrio com o ambiente.

Na prática, não é possível adaptar as condições ambientais exigidas para a utilização correta do material. Portanto, a indústria madeireira desenvolveu tecnologia e processos com a finalidade de contornar os problemas gerados por contração e inchamento, como o desenvolvimento de aglomerados, compensados e chapas.

Mecanismo prático

Em uma fábrica moveleira, mesas de madeira foram produzidas e armazenadas. No dia seguinte, o responsável pelo almoxarifado percebeu que os tampos das mesas estavam deformados. O responsável pela produção foi chamado e, ao analisar as peças, verificou que as mesas haviam dilatado muito mais no sentido longitudinal do que nos sentidos radial e tangencial. O que pode ter ocorrido e como podemos explicar esse fenômeno?

Primeiramente, precisamos lembrar que a madeira tem uma característica bastante peculiar: a anisotropia. Esse fenômeno ocorre quando determinada propriedade física de um material varia conforme a direção analisada. Nesse caso, o responsável pela produção diagnosticou que o tampo da mesa se expandiu de maneira desigual porque a madeira é um material anisotrópico, e suas propriedades mecânicas dependem da disposição de suas fibras, tendo, assim, dilatado muito mais no sentido longitudinal do que nos sentidos radial e tangencial.

2.5 Vasos de condução de seiva

Além das trocas gasosas, um dos maiores desafios de uma planta terrestre refere-se à perda de água e disponibilidade hídrica, isso porque, além de gás carbônico e luz, a água é uma substância essencial para a realização da fotossíntese, processo fundamental para a sobrevivência da planta. As adversidades geradas pela perda de água através das folhas são, parcialmente, amenizadas pela impermeabilização ocasionada pela existência de cutículas lipídicas na superfície exposta da epiderme, porém essa estrutura impermeável dificulta as trocas gasosas. Um mecanismo adaptativo importante é a presença de estômatos reguláveis (estruturas localizadas na epiderme em formato de fendas), que permitem as trocas gasosas e simultaneamente ajudam a evitar a perda de grandes volumes de vapor de água.

O transporte de água de nutrientes em uma planta vascular se realiza em parte por difusão célula a célula, mas, em maior proporção, ocorre pelo interior dos vasos condutores de seiva. O processo acontece inicialmente com a absorção de água e de nutrientes minerais na raiz, por meio de pelos absorventes, em uma zona denominada *pilífera*. Os diversos íons são obtidos mediante transporte ativo ou passivo, enquanto a água é absorvida por osmose.

Com a absorção de água e nutrientes pelas raízes, há a formação de uma solução aquosa mineral, denominada *seiva bruta* ou *inorgânica*. Essa solução é transportada na raiz, célula a célula, até alcançar os vasos do xilema, que estão localizados na região central da raiz. A partir desse momento, o transporte de seiva ocorre integralmente no interior dos vasos lenhosos até as estruturas aéreas da planta. Chegando às folhas, a solução de água e nutrientes distribui-se até as células, onde é utilizada no processo de fotossíntese ou eliminada por meio do processo de transpiração.

A solução de compostos orgânicos produzidos nas células do parênquima clorofiliano das folhas, conhecida como *seiva elaborada* ou *orgânica*, distribui-se para outro conjunto de vasos do tecido condutor denominado *floema*, também chamado de *líber*. No interior desses vasos, a seiva orgânica é transportada até atingir as células das folhas, onde é armazenada ou consumida.

O xilema, composto por vasos condutores de seiva bruta, é formado por células mortas. A morte celular decorre da impregnação desuniforme da célula por lignina, um composto aromático de alto poder de impermeabilização; desse modo, a célula deixa de receber nutrientes e morre. Assim, seu conteúdo interno é desfeito, o que a deixa oca e com as paredes duras em razão da presença de lignina, que, além de propriedades impermeabilizantes, também tem a propriedade de enrijecer a parede celular. A célula, então, oca e endurecida, assemelhando-se a um tubo, tem a função de elemento condutor. Além do tecido morto, há ainda um tecido vivo, denominado *parênquima*, tecido intermediário que separa grupos de células condutoras, as quais secretam diferentes tipos de substâncias que possivelmente auxiliam na proteção dos vasos do xilema.

O vaso formado pela união de diversos elementos de vaso e células funcionais, como traqueídeos, é conhecido como *traqueia*. Essa denominação é derivada da semelhança que os reforços de lignina do vaso apresentam com os reforços de cartilagem da traqueia humana e os reforços de quitina dos insetos.

O traqueídeos são células extremamente delgadas, com comprimento em média de 4 mm e diâmetro na ordem de 2 mm. Essas células formam agrupamentos em feixes em que as extremidades de umas tocam as outras. Nas extremidades e nas laterais de cada traqueídeo, há diversas aberturas em forma de poros, que permitem a passagem de seiva tanto no sentido longitudinal quanto no sentido lateral. Os elementos de vaso, com diâmetro de 1 a 3 mm e comprimento de 300 mm em média, também têm pontuações laterais que permitem a passagem de seiva. Sua principal característica é, diferentemente dos traqueídeos, apresentar extremidades totalmente livres, ou seja, não há parede divisória isolando totalmente uma célula de outra.

Alguns mecanismos são extremamente importantes para que ocorra a condução de seiva bruta através da planta. São eles: pressão da raiz; sucção exercida pelas folhas; transpiração e fotossíntese; e capilaridade.

- **Pressão da raiz** – A água presente no solo atravessa as estruturas até chegar aos vasos do xilema. Há diferenças de concentração, e as primeiras estruturas pelas quais a passagem de água ocorre são as menos concentradas. O fenômeno que resulta nessa movimentação de água pelas células da raiz é denominado *mecanismo osmótico*.
- **Sucção exercida pelas folhas** – Atualmente, a hipótese mais aceita relaciona essa sucção aos processos de fotossíntese e transpiração realizados pelas folhas. Para uma maior eficiência desses processos, é necessário que não haja ar nos vasos do xilema, surgindo, assim, uma força de coesão entre as moléculas de água. Essa condição é necessária porque a existência de ar nos vasos do xilema romperia a união das moléculas de água e levaria à formação de bolhas, que impediriam a ascensão da seiva bruta. Já a coesão entre as moléculas de água faz com que elas permaneçam unidas umas às outras e suportem forças extraordinárias, como o próprio peso da coluna líquida no interior dos vasos, que poderia levá-las a separar-se. As paredes dos vasos do xilema igualmente atraem as moléculas de água, e essa adesão, juntamente à coesão, é fator fundamental na manutenção de uma nova coluna contínua de água no interior do vaso.

- **Transpiração e fotossíntese** – Esses dois processos removem e consomem constantemente água da planta; essa perda gera uma tensão entre as moléculas de água, já que a coesão entre elas impede que se separem. Em razão dessa adesão, a parede do vaso também é tracionada. Para que se mantenha a continuidade da coluna líquida, a reposição das moléculas de água retirada da copa deve ser feita pela raiz, que, assim, abastece constantemente o xilema.
- **Capilaridade** – Os vasos lenhosos são extremamente finos, com diâmetro que configuram um capilar; desse modo, parte da ascensão da seiva inorgânica no xilema ocorre por capilaridade. No entanto, por meio desse mecanismo, a água não chega a atingir a altura de 1 m e, isoladamente, esse fato é suficiente para compor a totalidade na ascensão da seiva lenhosa.

Os vasos do floema, também conhecidos como *líberes*, diferentemente dos vasos do xilema, são formados por células vivas altamente especializadas dotadas de estruturas típicas de células vegetais, parede provida de membrana esquelética celulósica e membrana plasmática de espessura delgada. O interior do vaso é preenchido pela seiva orgânica e por diversas fibras de proteínas, próprias do floema. A passagem da seiva elaborada célula a célula é possibilitada pela presença de placas crivadas nas paredes da extremidade das células; é por meio desses crivos que a seiva elaborada é transportada.

A seiva orgânica é produzida no parênquima das folhas e lançada nos tubos crivados do floema, sendo transportada a todas as partes da planta que necessitam do suprimento orgânico para sobreviver e se desenvolver. Comumente, o carregamento de seiva elaborada é orientado para a raiz, mas podem ocorrer deslocamentos direcionados ao ápice dos caules e/ou folhas que ainda estão em desenvolvimento. Em geral, as soluções orgânicas são conduzidas para regiões que consomem ou reservam a seiva, podendo também ocorrer a inversão do movimento, ou seja, a seiva ir dos órgãos de reserva para regiões em crescimento.

Atualmente, a hipótese de Münch, elaborada em 1927 pelo botânico alemão Ernst Münch, conhecida como *arrastamento mecânico da solução*, também chamada de *fluxo em massa da solução*, é a mais aceita para explicar a condução da seiva elaborada. Essa teoria se baseia na movimentação de toda a solução do floema, incluindo água e solutos. Nessa solução, o transporte de compostos orgânicos seria decorrente de um deslocamento rápido de moléculas de água que arrastariam, em seu movimento, as moléculas em solução (Correia, 2014).

Para esclarecer melhor essa hipótese, Münch sugeriu o esquema ilustrado na Figura 2.7, em que o tubo de vidro superior representa o floema e o tubo de vidro inferior representa o xilema. Os frascos A e B correspondem à folha e à raiz, respectivamente, com os osmômetros (dispositivos para medir a força osmótica de uma solução) representando as respectivas células.

Figura 2.7 – Hipótese de Münch

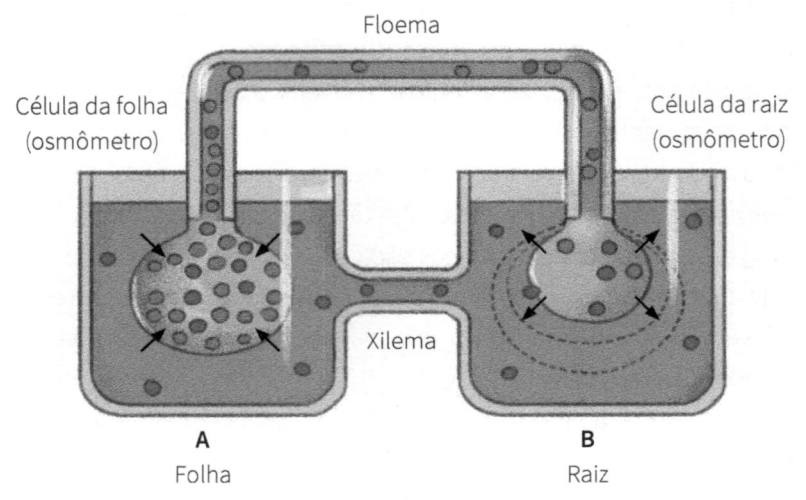

Floema

Célula da folha
(osmômetro)

Célula da raiz
(osmômetro)

Xilema

A
Folha

B
Raiz

Ingrid Skåre

Fonte: Elaborado com base em Taiz; Zeiger, 2013.

Com base no experimento, foi concluído que houve entrada de água por osmose, do frasco A para o respectivo osmômetro, bem como do frasco B para seu osmômetro. Entretanto, como a solução do osmômetro contido no frasco A tem maior concentração, a velocidade da passagem de água nesse sistema é maior. Portanto, a água tende a transitar para o tubo de vidro superior com velocidade consideravelmente alta, permitindo o arraste de moléculas de açúcar. Como o osmômetro contido no frasco B passa a receber maior quantidade de água, a concentração ali diminui, então a água é transportada desse franco, através do tubo de vidro inferior, em direção ao frasco A.

Elemento fundamental!

Nas regiões da planta em que há cloroplastos, como folhas e caules jovens, ocorre a produção de compostos orgânicos, como a glicose, por meio da fotossíntese. Esses compostos, quando dissolvidos em água, formam a seiva elaborada ou seiva orgânica, a qual desempenha a função de nutrir as células vivas da planta. Algumas espécies de árvores produzem seiva elaborada que são de interesse industrial, como a seringueira, da qual é extraído o látex, por meio do qual se obtêm diversos produtos de borracha, como luvas, pneus e tintas.

Papel cultural

É possível determinar a idade de uma árvore por meio da quantidade de anéis de crescimento presentes no tronco. Saiba mais no *link* indicado a seguir:

COMO CALCULAR a idade de uma árvore (dendrocronologia)? **Olivapedia**, 27 dez. 2020. Disponível em: <www.olivapedia.com/como-calcular-a-idade-de-uma-arvore>. Acesso em: 5 mar. 2023

Finalizando a trilha

Neste capítulo, esclarecemos que o tronco de uma árvore pode ser subdivido em casca, medula, alburno e cerne e mostramos que a parede celular é uma estrutura exclusiva dos vegetais, caracterizando-se como uma fina camada, porém muito resistente. Em seguida, analisamos os principais tipos de fibras vegetais, além de uma característica típica encontrada na madeira, a anisotropia. Por último, abordamos os vasos condutores de seiva, responsáveis pelo transporte de água e de sais minerais pela planta.

Desafios do percurso

1. Através de todas as estruturas da planta são transportadas substâncias necessárias para seu desenvolvimento, tais como água, sais minerais, aminoácidos e açúcares. Esse transporte é possível graças aos tecidos de condução chamados de _____ e _____, responsáveis pela condução de seiva bruta, também conhecida como seiva _____, e pela condução de seiva elaborada, também conhecida como seiva _____, respectivamente.

    Assinale a alternativa que apresenta corretamente a sequência que completa o texto:
    a) xilema; floema; inorgânica; orgânica.
    b) floema; xilema; inorgânica; orgânica.
    c) xilema; floema; orgânica; inorgânica.
    d) floema; xilema; orgânica; inorgânica.
    e) xilema; floema; orgânica; aquosa.

2. Sobre a parede celular dos elementos constituintes da estrutura da madeira, analise as afirmativas a seguir e marque V para as verdadeiras e F para as falsas:
    (   ) A lamela média é composta, principalmente, por celulose.

( ) A parede primária é subdividida em externa, média e interna.
( ) Na camada média, mais espessa, há maior conteúdo de celulose.
( ) A parede celular é composta basicamente de lignina, celulose, hemicelulose e extrativos.

Agora, assinale a alternativa que apresenta a sequência correta:

a) F, F, V, F.
b) V, V, F, F.
c) F, V, F, F.
d) F, F, V, V.
e) V, F, F, V.

3. A madeira é um material heterogêneo, anisotrópico, higroscópico, sólido, poroso, com uma grande gama de aplicações. Coníferas e folhosas apresentam propriedades estruturais diferentes. Acerca desse tema, analise as proposições a seguir.

I. Espécies de coníferas, como pínus e araucária, têm fibras e elementos de vasos na composição estrutural de seu lenho, os quais são responsáveis pelo transporte de seiva e pela sustentação da árvore.

II. Espécies folhosas são identificadas com base na presença de fibras curtas, por isso são indicadas para a fabricação de papéis para imprimir e escrever.

III. A configuração do lenho em coníferas é constituída pelos traqueídeos, responsáveis pela sustentação da planta e pelo transporte de seiva.

Agora, agora assinale a alternativa que apresenta a resposta correta:
a) Apenas a proposição I é verdadeira.
b) Somente as proposições I e II são verdadeiras.
c) Apenas a proposição II é verdadeira.
d) Somente as proposições II e III são verdadeiras.
e) Apenas a proposição III é verdadeira.

4. Na madeira, o lenho é formado pelo alburno e pelo cerne, sendo o cerne a parte mais resistente. Entre as alternativas a seguir, assinale a que justifica corretamente o fato de o cerne ser a porção mais resistente do lenho:
a) O cerne é constituído por células vivas, formando uma estrutura pouco enrijecida, com função de suporte.
b) O cerne é constituído por células mortas, formando uma estrutura moderadamente enrijecida, com função de suporte.
c) O cerne é constituído por células mortas, formando uma estrutura moderadamente enrijecida, com a função de conduzir água das folhas até as raízes.
d) O cerne é constituído por células vivas, formando uma estrutura flácida, com a função de promover trocas gasosas entre a planta e o meio externo.
e) O cerne é constituído por células mortas, formando uma estrutura flácida, com a função de promover resistência a esforços externos.

5. A madeira, matéria-prima muito utilizada em construções e estruturas, pode apresentar propriedades físicas variadas, de acordo com as orientações de crescimento de suas fibras. Essa característica específica é conhecida como:
a) isotropia.
b) politropia.
c) anisotropia.
d) elasticidade.
e) tenacidade.

Elementos práticos

1. A variação dimensional da madeira se caracteriza por episódios de retração e inchamento, ocorrendo crescimento e encolhimento em diferentes proporções nas direções longitudinal, radial e tangencial, conforme indicado na figura a seguir.

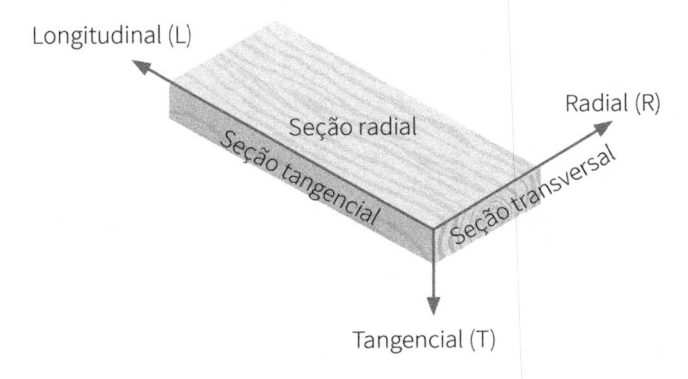

Longitudinal (L)
Seção radial
Seção tangencial
Seção transversal
Radial (R)
Tangencial (T)

vectorOK/Shutterstock

Fonte: Molinari, 2004, p. 7.

Considerando-se as coordenadas longitudinal, radial e tangencial, essas variações de tamanho ocorrem de maneira proporcional entre essas direções? Explique.

2. Um vegetal pode apresentar células com paredes primárias, como aquelas encontradas no parênquima, e células com parede secundária, como as encontradas no esclerênquima. Ao olhar no microscópio, o laboratorista verificou que, nas paredes secundárias, havia uma substância que não estava presente nas paredes primárias. Qual seria essa substância?

3. Realize uma demonstração prática do inchaço anisotrópico da madeira.

   Materiais:
   - retângulos maciços de madeira com dimensões de 1,5 × 1,5 × 7,0 cm de diferentes espécies arbóreas;
   - béquer de 1.000 mL;
   - balança;
   - paquímetro;
   - estufa;
   - dessecador.

   Procedimento:
   Ferva os retângulos de madeira durante meia hora em água. Após esse período, seque as superfícies dos retângulos, pese-os e meça-os imediatamente. Em seguida, transfira os retângulos para a estufa de secagem, a 70 °C. Após 12 horas na estufa, coloque os retângulos no dessecador até que esfriem. Então, pese-os e meça-os novamente.

Discussão:

Com os dados de pesagem, determine a quantidade de água adsorvida em cada um dos retângulos de madeira; determine também as alterações de comprimento e espessura com o paquímetro.

Capítulo 3

Lignina

Neste capítulo, trataremos de um importante polímero natural, uma macromolécula amorfa característica de plantas terrestres: a lignina, encontrada na parede celular dos vegetais e que tem como função conferir rigidez, impermeabilidade e resistência contra ataques microbiológicos e mecânicos.

Analisaremos suas principais propriedades, como o desenvolvimento de tecidos especializados para o cumprimento de papéis específicos, como o transporte de soluções aquosas e o suporte mecânico. Quimicamente, identificaremos suas ligações químicas e seus grupos funcionais, os quais variam conforme a classe da espécie botânica. Por fim, abordaremos a classificação atual das ligninas, que se dividem em três grupos: (1) do p-hidroxifenil, também conhecido como *cumarila*, representado pela letra *H*; (2) do guaiacil, representado pela letra *G*; e (3) da siringila, representado pela letra *S*.

3.1 Características químicas da lignina

Atrás apenas da celulose, a lignina (do latim *lignum*, que significa "madeira") é a segunda substância mais abundante do Reino Plantae e o terceiro componente fundamental em importância da madeira, podendo corresponder de 15% a 35% de seu peso. É uma substância extremamente complexa que constitui a parede celular vegetal, de natureza polimérica e tridimensional, formada pelo processo de polimerização via radicais livres, catalisado por enzimas. A lignina pode ser considerada um produto final do metabolismo da planta, isso porque, geralmente, os processos de finalização da lignificação e morte da célula coincidem.

Da perspectiva morfológica, por não contar com ordenação espacial ao longo de sua molécula, a lignina pode ser considerada uma substância amorfa, ou seja, sem ordenação espacial em sua cadeia. A lignina está associada à hemicelulose por meio de ligações covalentes na lamela média e na parede secundária. Enquanto ocorre o desenvolvimento das células, a lignina é identificada como o último constituinte depositado na parede celular, interpenetrando as fibras desta e, consequentemente, fortalecendo-a e enrijecendo-a. De acordo com Wastowski (2018), a lignina é um componente fundamental na condução de água, nutrientes e metabólitos. Ela é responsável pela resistência mecânica das plantas, conferindo rigidez à parede celular, e, nas partes da madeira, atua como agente contínuo de ligação entre as células, estabelecendo uma estrutura resistente ao impacto, à compressão e à dobra. Em virtude dessa característica, não é possível remover a lignina de modo quantitativo da estrutura da madeira sem que ocorra uma degradação considerável desta última.

A lignina pode apresentar cores variadas, desde um aspecto esbranquiçado até tons de marrom, e suas moléculas têm estrutura química constituída por um sistema aromático composto de unidades de fenilpropano*, diferenciando-se,

---

* Consiste em uma molécula composta de um anel aromático e de uma parte alifática, localizada na cadeia lateral, constituída por três átomos de carbono.

assim, dos polissacarídeos. Sua fórmula estrutural não tem estrutura uniforme, não apresentando cristalinidade pelo fato de a configuração de sua molécula tridimensional ser aleatória e altamente ramificada.

Por ser uma substância orgânica, na molécula da lignina não há diferença de eletronegatividade, caracterizando-se, portanto, como apolar. Por esse motivo, é considerada insolúvel em água, já que se dissolve apenas a quente em solução de hidróxido de sódio (NaOH), em que somente algumas ligações são hidrolisáveis por hidróxido de sódio e hidrossulfeto de sódio.

Na composição elementar da lignina, ocorre única e exclusivamente a presença de carbono (C), hidrogênio (H) e oxigênio (O) (Tabela 3.1). A composição elementar percentual varia principalmente quando a lignina é obtida de coníferas ou de folhosas.

Tabela 3.1 – Composição média elementar de lignina em coníferas e folhosas

Elementos	Coníferas (%)	Folhosas (%)
C	63-67	59-60
H	5-6	6-8
O	27-32	33-34

Fonte: Wastowski, 2018, p. 111.

De acordo com Lino (2015), a lignina é um polímero aromático composto por unidades de 4-fenilpropano. Tem uma estrutura macromolecular heterogênea e pode conter três tipos de unidades aromáticas: unidades p-hidroxifenil (H), guaiacil (G) e siringila (S), compostos orgânicos sintetizados em organismos vegetais a partir do aminoácido fenilpropano e que não têm nenhum grupo metoxil (H) ou têm um (G) ou dois (S) grupos metoxil nas posições C3 e C5 da unidade aromática (Figura 3.1).

Figura 3.1 – Precursores da lignina

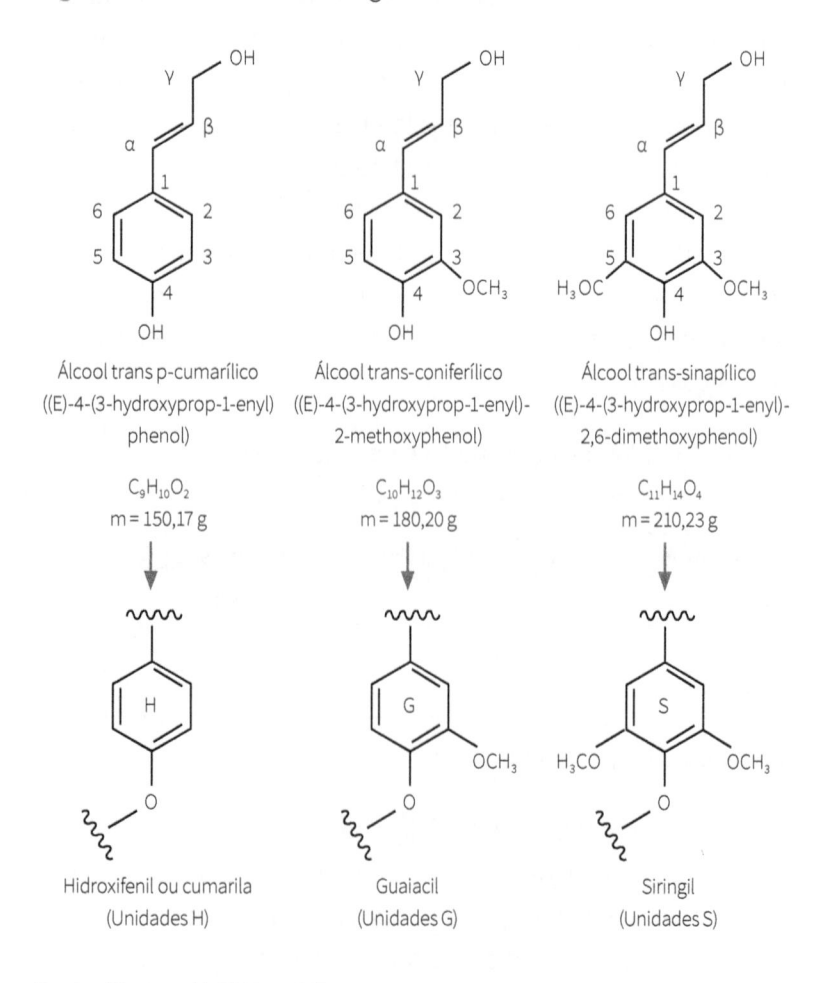

Álcool trans p-cumarílico ((E)-4-(3-hydroxyprop-1-enyl) phenol)	Álcool trans-coniferílico ((E)-4-(3-hydroxyprop-1-enyl)-2-methoxyphenol)	Álcool trans-sinapílico ((E)-4-(3-hydroxyprop-1-enyl)-2,6-dimethoxyphenol)
$C_9H_{10}O_2$ $m = 150{,}17\ g$	$C_{10}H_{12}O_3$ $m = 180{,}20\ g$	$C_{11}H_{14}O_4$ $m = 210{,}23\ g$
Hidroxifenil ou cumarila (Unidades H)	Guaiacil (Unidades G)	Siringil (Unidades S)

Fonte: Wastowski, 2018, p. 113.

Esses precursores entram em contato com enzimas desidrogenases (peroxidases e lacases), conduzindo a abstração inicial de um hidrogênio radicalar no fenol, o que dá início a todo o processo de polimerização nos sítios de lignificação (Lino, 2015). A principal ligação que ocorre entre as estruturas de fenilpropano é a do tipo éter-arila (β-O-4); é possível que tais ligações que dão origem à molécula de lignina ocorram nos átomos de carbono da cadeia lateral do propano, no núcleo aromático e na hidroxila fenólica.

A configuração das macromoléculas de lignina apresenta-se muito mais complexa do que a de celulose e polioses*, por exemplo. Isso decorre da presença de diferentes unidades precursoras e da grande quantidade de combinações possíveis entre essas unidades.

Uma das classificações possíveis para a lignina é estabelecida em função das espécies vegetais e dos padrões aromáticos de substituição, como resumido no Quadro 3.1, a seguir.

Quadro 3.1 – Classificações possíveis para a lignina

Divisão botânica	Características	Tipo de lignina
Coníferas	São mais homogêneas, contendo quase que exclusivamente unidades guaiacil.	Ligninas-G

(continua)

---

*   *Poliose* é sinônimo de *hemicelulose*.

(Quadro 3.1 – conclusão)

Divisão botânica	Características	Tipo de lignina
Folhosas	Apresentam quantidades equivalentes de grupos guaiacil e siringila e pequenas unidades p-hidroxifenila.	Ligninas-GS
Gramíneas	Têm maior quantidade de unidades p-hidroxifenila do que em madeiras de coníferas ou folhosas, mas sempre em menor proporção do que nas outras unidades.	Ligninas-GSH

Fonte: Elaborado com base em Lin; Dence, 1992.

3.2 Propriedades da lignina

As massas moleculares da lignina isolada podem variar entre 1.000 e 2.000 g/mol, em conformidade com a intensidade da degradação química e/ou da condensação que acontece no decorrer do isolamento, porém seu grau de polimerização é complexo de mensurar, uma vez que a lignina é fragmentada durante a extração e se decompõe em inúmeras estruturas que se repetem aleatoriamente (Alen, 2000). Contudo, considerando-se a massa molar de sua unidade formadora, o fenilpropano, como 184, o grau de polimerização das ligninas isoladas situa-se entre 5 e 60*.

---

* Não há unidade para grau de polimerização, visto que, matematicamente, trata-se da relação entre os pesos moleculares do polímero e a respectiva unidade monomérica.

O grau de polimerização representa a quantidade média de meros (unidades básicas) existentes em uma molécula e pode ser calculado utilizando-se a relação indicada a seguir, se for conhecido um peso molecular de uma molécula de polímero.

Equação 3.1

$M = (DP) M_0$

Em que:

M = peso molecular do polímero;

DP = grau de polimerização;

M_0 = peso da fórmula da unidade de repetição.

Mecanismo prático

Como calcular o grau de polimerização de uma amostra de polietileno [$(CH_2-CH_2)_n$], que tem um peso molecular de 150.000 g/mol?

O peso molecular de uma unidade de repetição é:

$M_0 = (12 \times 2 + 1 \times 4)$ g/mol = 28 g/mol

$DP = M / M_0$

= 150.000 g/mol / 28 g/mol

= $5{,}35 \times 10^3$

A molécula particular contém $5{,}35 \times 10^3$ de unidades de repetição.

A lignina apresenta ponto de transição vítrea que, em geral, varia entre 135 °C e 190 °C. Por ser caracterizada como um biopolímero amorfo, essa temperatura se altera significativamente de acordo com o método empregado no processo de isolamento. Essa variação na temperatura ocorre pelo fato de a massa molecular ser inversamente proporcional à temperatura de transição vítrea: quanto maior for a primeira, mais alta será a temperatura de amolecimento. Essa faixa de temperatura pode também ser influenciada pelo teor de umidade presente na lignina, cuja quantidade diminui com o aumento desse teor.

Concentração!

Transição vítrea – É um atributo característico de materiais amorfos, sendo definida como a mudança do estado vítreo para um estado conhecido como elastomérico. Portanto, nessa faixa de temperatura, a molécula passa de uma condição desordenada enrijecida, chamada *estado vítreo*, para uma condição desordenada em que as cadeias poliméricas apresentam maior mobilidade, resultando na característica elástica de borracha (Canevarolo Júnior, 2002).

Frequentemente, um material polimérico torna-se pegajoso, apresentando-se como um adesivo quando amolece. Isso decorre do aumento da área de contato associada à difusão interna das cadeias poliméricas, causadas pelo crescimento do movimento molecular que se estabelece acima do ponto de transição vítrea; dessa maneira, espera-se que o comportamento adesivo da lignina varie com a temperatura.

A lignina ocorre apenas em plantas vasculares, que desenvolvem tecidos especializados em funções, como transporte de soluções aquosas e suporte mecânico. Isso acontece porque a estrutura química da lignina na planta tem como suas principais funções aumentar a rigidez da planta, unir as células umas às outras, reduzir a permeabilidade da parede celular à água e proteger a madeira contra micro-organismos, pois age como um fungicida, uma vez que sua estrutura é essencialmente formada por fenol.

3.3 Grupos funcionais da lignina

Os grupos funcionais presentes na lignina são responsáveis pela sua alta reatividade. Foram desenvolvidas algumas técnicas analíticas para analisar quantitativamente determinados grupos funcionais na madeira, os quais são apresentados frequentemente na literatura, em termos quantitativos, como grupos funcionais por cem unidades de monômero, no caso, fenilpropano, ou seja, em uma lignina com grau de polimerização de 100, verifica-se quantos desses grupos funcionais específicos estarão presentes (Figura 3.2).

Figura 3.2 – Possíveis grupos funcionais presentes em uma lignina

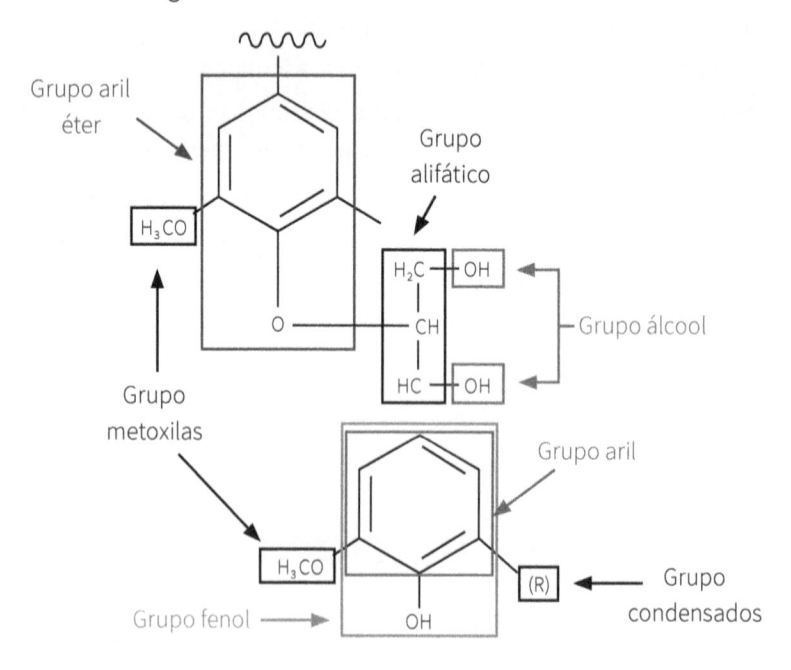

[Figura: estrutura química da lignina mostrando Grupo aril éter, Grupo alifático, Grupo metoxilas (H₃CO), Grupo álcool (OH), Grupo aril, Grupo fenol (OH), Grupo condensados (R)]

Fonte: Elaborada com base em Heitener; Dimmel; Schmidt, 2010.

Os grupos funcionais mais encontrados na estrutura da lignina são os seguintes (Wastowski, 2018):

- **Grupos metoxilas (–OCH$_3$)** – Apesar de aparecerem também nas polioses, cerca de 90% dos grupos metoxílicos da madeira são de lignina, tornando-se, assim, o grupo funcional mais característico da lignina. Esses grupos são encontrados em cerca de 14% nas coníferas (em torno de 0,95/unidades de fenilpropano) e cerca de 19% nas folhosas (em torno de 1,40/unidade de fenilpropano).

- **Grupos hidroxilas (-OH)** – Esses grupos, em geral, são de natureza fenólica e alifática (substâncias orgânicas de cadeia aberta), de álcoois primários, secundários e terciários. O teor de grupos hidroxila alifáticos está em torno de 10% do peso da lignina encontrada na planta (1,1/unidade de fenilpropano), tanto para coníferas quanto para folhosas, mas, dependendo do grau de degradação, as hidroxilas fenólicas representam em média 4% (entre 0,2 e 0,4/unidade de fenilpropano) do peso da lignina.
- **Grupos carbonilas (R-CO-R)** – Estão presentes na lignina em um teor em torno de 0,1 a 0,2/unidade de fenilpropano.
- **Grupos carboxílicos (-COOH)** – Esses grupos são detectados, embora em quantidades muito baixas (em torno de 0,05/unidade de fenilpropano), na lignina natural de madeira moída. Quando a lignina natural é submetida a tratamentos biológicos, físicos e químicos, como cozimento ou branqueamento, identificam-se quantidades significativas desse grupo funcional. Esse efeito decorre dos tratamentos oxidantes, nos quais a ruptura dos anéis fenólicos da lignina gera compostos com grupos carboxila. A média dos grupos carboxila permite obter informações sobre o grau de degradação da lignina por tratamentos biológicos, físicos e químicos, bem como sobre sua solubilidade.
- **Grupos éteres (R-O-R)** – Podem ser aromáticos ou alifáticos.
- **Grupos ésteres (-COO-R)** – Ocorrem em algumas folhosas.

Insaturações ou duplas ligações (-C=C-) – Há pequenas quantidades de grupos etilênicos.

A estrutura das ligninas deve ser determinada a partir de uma amostra pura, ou seja, livre de carboidratos e outros extrativos. É importante também definir a escolha do procedimento de extensão para que a lignina resultante tenha propriedades físicas e químicas semelhantes às da protolignina presente no vegetal.

O termo *protolignina*, ou *lignina nativa*, é utilizado quando se faz referência à lignina inalterada, que corresponde a uma estrutura altamente entrelaçada e com estabilidade térmica diferente daquela que é extraída. A lignina está associada ao tecido da planta, uma vez que, para separar a lignina de sua associação natural na parede celular, há, pelo menos, ruptura das ligações lignina-polissacarídeos e uma redução no peso molecular.

Existe uma considerável variação na distribuição de grupos funcionais entre diferentes espécies de madeira. Os teores dos grupos funcionais (principalmente de metoxila, hidroxila e carbonila) são usualmente expressos com base nas unidades fenilpropânicas das ligninas. Assim, apenas valores aproximados para as frequências de diferentes grupos funcionais podem ser dados por 100 unidades de monômeros (moléculas que formam a unidade básica dos polímeros), no caso, fenilpropano (Tabela 3.2).

Tabela 3.2 – Proporção dos grupos funcionais presentes nas ligninas de coníferas e folhosas

Grupos funcionais	Lignina (coníferas)	Lignina (folhosas)
Metoxila	90 a 97	132 a 160
Fenol	15 a 30	9 a 20
Álcool benzílico	30 a 40	40 a 50
Hidroxila alifática	115 a 120	110 a 115
Carbonila	10 a 20	3 a 17

Fonte: Wastowski, 2018, p. 120.

Durante o processo de lignificação, as ligações formadas entre as unidades de fenilpropano suscitam a complexidade estrutural das ligninas. Os monolignóis* fenilpropanoides, antecessores predominantes da lignina, apresentam diversos sítios reativos com capacidade de estabelecer ligações cruzadas entre si, compreendendo átomos de carbono da cadeia lateral e do anel aromático.

Os principais sítios reativos que estão presentes nos precursores da biossíntese da lignina, tanto nos próprios anéis aromáticos das unidades de fenilpropano quanto na cadeia lateral, são: cinco sítios para o álcool trans p-cumarílico; quatro sítios ativos para o álcool trans-coniferílico; e três sítios ativos para o álcool trans-sinapílico (Figura 3.3).

---

* Monolignóis são compostos antecessores da lignina (compostos que originam a biossíntese de lignina).

Figura 3.3 – Principais sítios ativos reacionais dos precursores da lignina

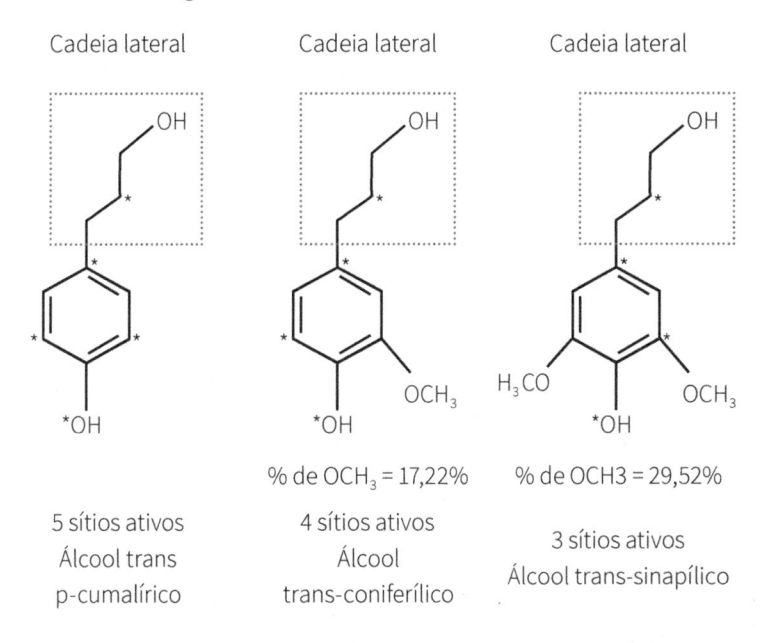

Cadeia lateral	Cadeia lateral	Cadeia lateral
	% de OCH_3 = 17,22%	% de OCH3 = 29,52%
5 sítios ativos Álcool trans p-cumalírico	4 sítios ativos Álcool trans-coniferílico	3 sítios ativos Álcool trans-sinapílico

Fonte: Elaborado com base em Fengel; Wegener, 1984.

Segundo Lino (2015), os diferentes grupos funcionais da lignina determinam o comportamento químico dessa substância, principalmente pela presença de éteres (alifáticos e aromáticos), álcoois alifáticos e benzílicos, fenóis e, em menor proporção, grupos carbonilas (aldeídos, cetonas e ésteres). As diferentes ligações do tipo éter ou carbono-carbono também determinam a escolha das condições experimentais a serem utilizadas quando se desejam o isolamento, a caracterização e o estudo das propriedades químicas das ligninas.

A caracterização de grupos funcionais para a determinação da estrutura da lignina pode ser feita por diferentes métodos físicos, como ressonância magnética nuclear e espectrometria de massas, e químicos, como acetilação para determinação de hidroxilas alifáticas e totais e determinação de grupos carbonilas pela reação com cloridrato de hidroxilamina (Del Río et al., 2005).

3.4 Ligações químicas na lignina

Com relação às ligações químicas da lignina, podemos afirmar:

> As ligações para a formação da lignina podem ocorrer nos átomos de carbono da cadeia lateral do propano, no núcleo aromático e na hidroxila fenólica. A ligação de principal ocorrência entre as unidades de fenilpropano é do tipo β-O-4' (éter-arila). Além dessa ligação, outros tipos podem ocorrer, como as ligações 4-O-5', α-O-4', 1-O-4', β-O-4', 5-5', β-5', β-β' e β-1'. (Guimarães, 2013, p. 12)

3.5 Classificação da lignina

A classificação atual divide as ligninas em três classes principais, que são estabelecidas em função das espécies vegetais e dos padrões aromáticos de substituição:

1. **Lignina guaiacil (tipo G)** – Lignina de coníferas, é a mais homogênea, contendo quase que exclusivamente unidades de guaiacil (cerca de 90% derivada do álcool coniferílico).
2. **Lignina guaiacil/siringila (tipo GS)** – Lignina de folhosas, apresenta quantidades equivalentes de grupos guaiacil e siringila e pequenas quantidades de cumarila.
3. **Lignina cumarila/guaiacil/siringila (tipo HGS)** – Lignina de gramíneas, apresenta maior quantidade de unidades cumarila do que a quantidade encontrada nas madeiras de coníferas e folhosas, mas sempre em proporção menor do que as outras unidades.

A simbologia usada para caracterizar os tipos de lignina está apresentada no Quadro 3.2.

Quadro 3.2 – Simbologia para caracterizar os tipos de lignina

H	G	S
Lignina cumarila (ou p-hidroxifenil)	Lignina guaiacil	Lignina siringila

Uma forma de classificação da lignina é baseada em sua suscetibilidade em relação à reação de hidrólise. Com base nisso, Lapierre (1993) classificou a lignina em *core* e não *core*:

- **Lignina não *core*** – É composta de polímeros fenólicos com peso molecular baixo, disponibilizados da parede celular por meio da hidrólise.
- **Lignina *core*** – É composta de moléculas poliméricas de fenilpropanoides presentes na parede celular, com teor de condensação elevado e alta resistência à degradação.

É possível classificar as moléculas de lignina segundo a presença relativa das unidades cumarila (H), guaiacil (G) e siringila (S). Assim, podem ser do tipo G, do tipo G-S e do tipo H-G-S. Considera-se que ligninas presentes em angiospermas, as ditas *madeiras duras*, são constituídas basicamente de unidades G-S. Ligninas oriundas de gimnospermas, também denominadas *madeiras moles*, são compostas principalmente de unidades G. Já as ligninas encontradas em herbáceas são muito semelhantes às ligninas presentes em madeiras duras, do tipo G-S. Por fim, as ligninas encontradas em gramíneas constituem-se de unidades do tipo G-S-H, porém é possível que ligninas de determinadas espécies de gimnospermas e gramíneas contenham unidades de G e S.

Nas espécies herbáceas, a lignina não deriva necessariamente dos compostos de ácidos fenólicos. Para caracterizar os resíduos produzidos na hidrólise, consideram-se as terminologias *core* e *não core*. Desse modo, tais definições são pertinentes na comparação dos constituintes das espécies, uma vez que essa nomenclatura define determinadas características moleculares presentes na estrutura da lignina.

Durante a hidrólise, são liberados apenas produtos originados do ácido hidrocinâmico que estão ligados aos polímeros presentes na parede celular por ligações covalentes, constituindo, assim, a lignina não *core*. Já compostos que derivam dos ácidos hidrocinâmicos que constituem a lignina por meio de ligações inter-resistentes à hidrólise formam a lignina *core*.

Papel cultural

Você sabia que a lignina é responsável por aquele famoso cheiro de livros antigos? Leia o seguinte texto:

BARROS, M. O que causa o cheiro de livros novos e velhos? **Bibliotecários sem Fronteiras**, 2 jun. 2014. Disponível em: <https://bsf.org.br/2014/06/02/causa-do-cheiro-livro-novo-velhos>. Acesso em: 3 mar. 2023.

Finalizando a trilha

Neste capítulo, analisamos a lignina e mostramos que ela é uma substância extremamente complexa que ocorre apenas em plantas vasculares, que desenvolvem tecidos especializados em funções, como transporte de soluções aquosas e suporte mecânico. Identificamos, ainda, os grupos funcionais presentes na lignina e vimos que as proporções desses grupos funcionais variam conforme a classe da planta. Finalmente, destacamos que a classificação atual divide a lignina em três grupos: p-hidroxifenil (cumarila) (H), guaiacil (G) e siringila (S).

Desafios do percurso

1. A parede celular distingue células vegetais de animais – sua presença é a base de várias características das plantas. Os dois polímeros mais abundantes encontrados nos vegetais e que estão presentes em paredes celulares são a celulose, com propriedades cristalinas e formada por moléculas de glicose, e:
   a) a lignina, a qual, sendo rígida, confere resistência à parede celular.
   b) a suberina, típica do tecido protetor secundário, o súber.
   c) a lignina, substância graxa complexa, presente nas células epidérmicas das plantas, formando a cutícula.
   d) a suberina, formada pelos monômeros derivados dos álcoois coniferílico e cumarílico.
   e) as substâncias pécticas, quimicamente próximas da hemicelulose.

2. Qual é a função dos reforços de lignina observados ao longo dos elementos de vaso e dos traqueídeos?
   a) Em razão de sua composição química, a função dos revestimentos de lignina nos vasos condutores é de proteção contra o ataque de animais e insetos.
   b) A lignina tem a função de manter as paredes celulares rígidas e impedir o colapso dos vasos lenhosos, cessando, assim, o movimento de seiva bruta.
   c) A única função do reforço de lignina ao longo dos elementos de vaso na planta é a de sustentação.

d) Uma das diversas funções de revestimento de vasos pela lignina é tornar suas paredes permeáveis, facilitando a troca de gases com o ambiente externo.

e) A lignina tem a função de revestir a parede celular da célula vegetal, permitindo, assim, a saída de água da planta.

3. Quando uma planta transpira intensamente, a seiva bruta circula _____ e o colapso dos vasos é evitado em razão da presença de _____.

Assinale a alternativa que apresenta os termos que completam corretamente a sentença:

a) em estado de tensão; válvulas dispostas ao longo dos vasos.

b) com pressão positiva; depósitos de calose nos vasos lenhosos.

c) com pressão negativa; depósitos de suberina nas placas crivadas.

d) em estado de tensão; reforços de lignina.

e) com pressão positiva; absorção de íons minerais.

4. A lignina é componente fundamental da madeira. Sobre as funções da lignina na planta, assinale a alternativa que apresenta a afirmação correta:

a) A lignina aumenta a rigidez da parede celular, em razão da desintegração do tecido vegetal.

b) A lignina reduz a permeabilidade da parede celular à água, por ser hidrofílica.

c) A lignina aumenta a resistência da árvore ao ataque de micro-organismos, em virtude da ação fungicida, condicionada pela unidade fenol.

d) A lignina reduz a resistência da árvore à compressão.
e) A lignina aumenta a dissolução de aminoácidos, graças à presença de unidades aromáticas fundamentais.

5. Assinale a alternativa que corresponde à identificação correta dos grupos funcionais presentes em uma lignina:

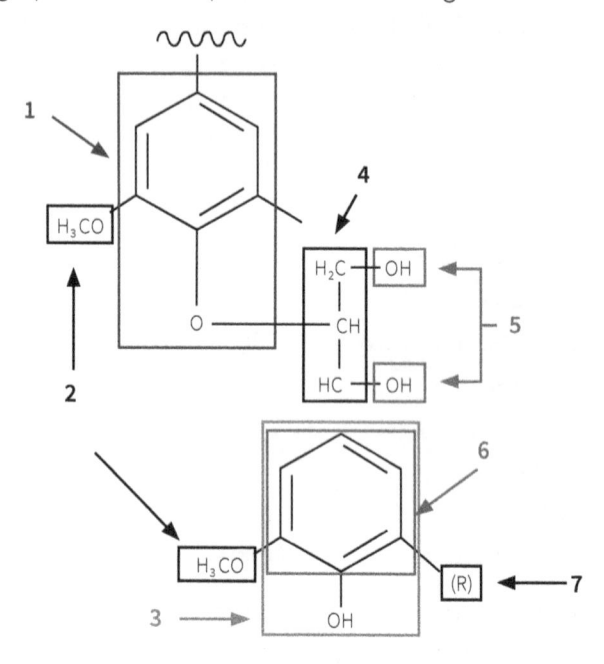

Fonte: Elaborada com base em Heitener; Dimmel; Schmidt, 2010.

a) 1 – benzeno; 2 – álcool; 3 – fenol; 4 – cetona; 5 – hidrocarboneto; 6 – amina; 7 – radicais livres.
b) 1 – aril éter; 2 – metoxilas; 3 – fenol; 4 – alifático; 5 – álcool; 6 – aril; 7 – grupos condensados.
c) 1 – tolueno; 2 – álcool; 3 – cetona; 4 – éster; 5 – aldeído; 6 – fenol; 7 – radicais livres.

d) 1 – benzeno; 2 – álcool; 3 – fenol; 4 – cetona;
   5 – hidrocarboneto; 6 – amina; 7 – radicais livres.
e) 1 – éter; 2 – aldeído; 3 – benzeno; 4 – éster; 5 – aril;
   6 – amina; 7 – grupos condensados.

Elementos práticos

1. Um laboratório de análise e qualidade da madeira recebeu duas amostras de madeira. Com base nas análises químicas da lignina, foram identificadas as seguintes proporções de grupos funcionais por 100 unidades de fenilpropano:

	Amostra 1	Amostra 2
Metoxila	134	96
Fenol	12	19
Álcool benzílico	47	32
Hidroxila alifática	110	119
Carbonila	9	17

Escreva a fórmula genérica dos grupos funcionais e identifique a qual grupo de planta pertence cada amostra analisada:

Metoxila	Fenol	Álcool benzílico	Hidroxila alifática	Carbonila

2. A presença de diferentes unidades precursoras e o elevado número de combinações possíveis entre as unidades precursoras fazem com que a estrutura da macromolécula de lignina seja bem mais complexa do que as apresentadas pela celulose e pelas polioses. Indique a classificação possível para a lignina estabelecida em função das espécies vegetais e dos padrões aromáticos de substituição.

3. No contexto da crescente poluição dos recursos hídricos e da busca por alternativas de tratamento mediante uso de recursos e materiais sustentáveis que desempenhem esse papel, a lignina é um interessante biopolímero que pode desempenhar esse papel, uma vez que tem propriedades químicas e estruturais notáveis para essa finalidade. Realize uma reflexão sobre esse assunto com a leitura da publicação indicada a seguir e responda: A lignina é considerada uma boa alternativa para o tratamento de efluentes? Quais são os prós e os contras da utilização dessa substância para essa finalidade?

JESUS, R. A. et al. Aplicabilidade da lignina no tratamento de resíduos aquosos. In: SIMPÓSIO DE ENGENHARIA DE PRODUÇÃO DE SERGIPE, 7., 2015, São Cristóvão. **Anais**... Disponível em: <https://ri.ufs.br/bitstream/riufs/8046/2/LigninaTratamentoResiduosAquosos.pdf>. Acesso em: 5 mar. 2023.

Capítulo 4

Extrativos das plantas

Com o objetivo de esclarecer a função de determinadas substâncias químicas encontradas na madeira, bem como a formação e a estrutura desses produtos, neste capítulo, o ponto central deste capítulo são os extrativos, metabólitos secundários produzidos pelos vegetais conforme determinada demanda da planta, para proteção, atração de polinizadores ou como catalisadores da biossíntese de componentes.

Veremos como essas substâncias podem ser extraídas com o uso de solventes estipulados conforme a maior compatibilidade com a amostra, como deve ser o preparo dos extratos e como são realizadas a separação, a purificação e a identificação de seus constituintes. Abordaremos também as resinas, secreções líquidas bastante densas obtidas pelo corte no tronco da árvore – substância de interesse econômico nas mais diversas áreas industriais, desde a indústria alimentícia, passando pela indústria farmacêutica, até a fabricação de borracha e polímeros.

4.1 Formação e funções dos extrativos

A química dos vegetais, chamada de *fitoquímica*, é o campo da química responsável pelo estudo dos extrativos das plantas, identificando suas estruturas, suas modificações e seus mecanismos de transformação, bem como suas substâncias ativas, as quais são produzidas no decorrer de seu processo de desenvolvimento.

Os extrativos de plantas, conhecidos também como *compostos acidentais*, são substâncias químicas encontradas na madeira, porém não são fundamentais em sua formação ou estrutura. Têm baixo peso molecular e baixo grau de polimerização e incluem um elevado número de compostos que podem ser extraídos com o uso de solventes inorgânicos, como a àgua, ou solventes orgânicos neutros, como o álcool e o benzeno.

Presentes na parede celular, os extrativos geralmente são formados a partir de um composto orgânico, apresentam-se na forma de monômeros, dímeros ou polímeros e distribuem-se de maneira desuniforme pela planta, com uma maior concentração nas porções externas do cerne e nas regiões adjacentes à base da árvore, decrescendo no sentido da medula e no topo, com proporções limitadas no alburno.

Embora a proporção de extrativos seja bastante inferior quando comparada aos demais componentes, sua presença influencia a escolha da madeira para fins comerciais, pois os extrativos podem atribuir certas características à madeira, como coloração, odor, permeabilidade, resistência ao fogo, densidade, dureza e ação fungicida, bactericida ou inseticida, podendo ter função de reserva ou proteção.

Concentração!

Um exemplo de aplicação de extrativos é a utilização da resina do pinheiro. Chamada de *breu* e conhecida também como *pez*, há séculos é usada como impermeabilizante em embarcações de madeira, sendo hoje empregada para amaciar as cerdas do arco de instrumentos de cordas, com a finalidade de obter o atrito ideal entre o arco e as cordas (Fomin et al., 2018).

A madeira origina uma grande diversidade de compostos orgânicos, todos eles formados por meio da fotossíntese. Entre esses compostos estão os metabólitos, que são resultado da modificação sofrida pelos carboidratos durante os processos fisiológicos na planta.

De acordo com Wastowski (2018, p. 184),

> Embora ainda não se tenha estabelecido um limite claro entre o metabolismo primário e o secundário, é usualmente aceito que:
>
> - o metabolismo primário leva à síntese de açúcares, aminoácidos, ácidos graxos, nucleotídeos e polímeros derivados destes, como polissacarídeos, proteínas, lipídeos e ácidos nucleicos, sendo todos eles universalmente encontrados nos vegerais, além de essenciais à vida.
> - o metabolismo secundário é definido como rotas alternativas que utilizam os produtos ou subprodutos do metabolismo primário, originando compostos não necessariamente essenciais ao organismo que podem ser diferentes para cada espécie vegetal. Os compostos secundários derivam do metabolismo da glicose, a partir de dois compostos intermediários principais: o ácido chiquímico e o acetato.

A partir do metabolismo da glicose, por meio de inúmeras reações anabólicas e catabólicas, são formados praticamente todos os metabólitos primários e secundários. A síntese de compostos essenciais para a sobrevivência das espécies vegetais, tais como proteínas, ácidos graxos, polissacarídeos e clorofila, faz parte do **metabolismo primário** das plantas.

Por sua vez, o **metabolismo secundário** refere-se aos compostos sintetizados por outras vias, por meio de um conjunto de processos fisiológicos que dão origem a compostos que não têm vasta distribuição na planta. Geralmente, esses produtos que apresentam substâncias ativas encontram-se na forma complexada, em que há um complemento dos diferentes constituintes, reforçando, assim, sua atividade sobre o organismo.

Diferentemente do primário, o metabolismo secundário não é essencial para o desenvolvimento do vegetal, mas desempenha papel fundamental para a sobrevivência de determinada espécie inserida em dado ecossistema, promovendo a adaptação da planta ao ambiente, sendo um reflexo das relações e interações entre planta e ambiente.

Por um longo período, os metabólitos secundários, embora tenham propriedades biológicas relevantes e estruturas químicas claramente definidas, foram tidos como compostos atípicos do vegetal. No entanto, atualmente, sabe-se que muitas dessas substâncias estão envolvidas diretamente na adaptação do vegetal ao seu meio, atuando em funções como defesa contra micro-organismos, proteção de raios ultravioleta e atração de polinizadores.

Um aspecto interessante acerca do metabolismo secundário é sua significativa capacidade biossintética, uma vez que, em uma mesma espécie vegetal, há uma vasta diversidade de compostos gerados. Os metabólitos secundários podem ser classificados em três categorias químicas distintas: terpenos, compostos fenólicos e compostos nitrogenados. Na Figura 4.1, podemos verificar, de maneira simplificada, os principais caminhos de biossíntese de metabólitos secundários e suas relações com o metabolismo primário.

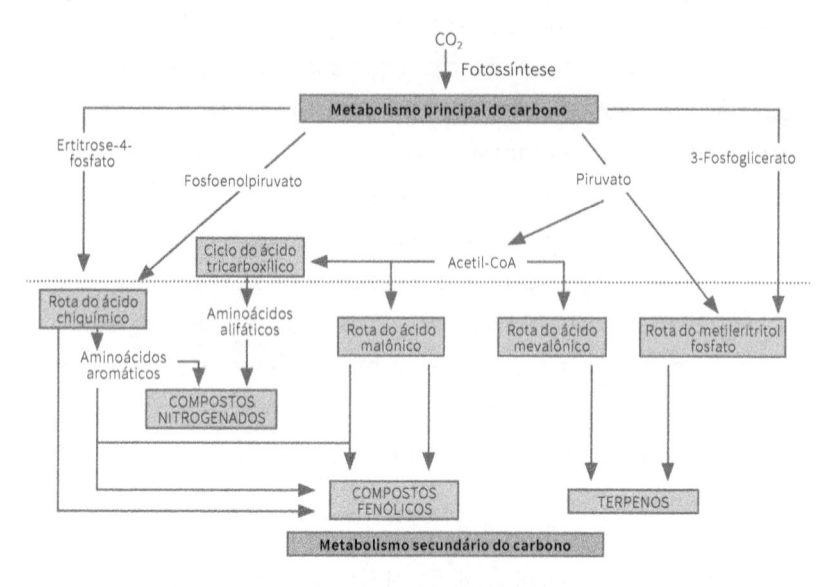

Figura 4.1 – Produtos do metabolismo do carbono

```
                              CO₂
                              ↓ Fotossíntese
          ┌──────── Metabolismo principal do carbono ────────┐
          │                                                   │
Eritrose-4-        Fosfoenolpiruvato          Piruvato     3-Fosfoglicerato
 fosfato
  │                       │                     │              │
  │                       ↓                     ↓              │
  │               Ciclo do ácido  ← Acetil-CoA ←               │
  │               tricarboxílico                               │
  ↓                       │                                    ↓
Rota do ácido      Aminoácidos    Rota do ácido   Rota do ácido   Rota do metileritritol
chiquímico         alifáticos     malônico        mevalônico      fosfato
  │                    │              │              │              │
Aminoácidos            │              │              │              │
aromáticos             ↓              │              │              │
  │              COMPOSTOS            │              │              │
  │              NITROGENADOS         │              │              │
  │                                   ↓              ↓              ↓
  └──────────→ COMPOSTOS                    TERPENOS
               FENÓLICOS
          ──────── Metabolismo secundário do carbono ────────
```

Fonte: Elaborada com base em Taiz; Zeiger, 2013.

Os terpenos constituem a maior parte de produtos secundários, atuam como toxinas e têm propriedades repelentes contra insetos e mamíferos herbívoros. Em altas temperaturas, decompõem-se em isoprenos, motivo pelo qual são também denominados *isoprenoides*.

Os produtos primários originados na biossíntese dos terpenos têm funções no crescimento e no desenvolvimento da planta, a exemplo das giberelinas, do ácido abscísico e dos brassinosteroides, fito-hormônios responsáveis pela regulação do crescimento da planta; dos carotenoides, pigmentos acessórios na fotossíntese que atuam na proteção dos tecidos fotossintéticos contra a foto-oxidação; ou, ainda, do filitol, constituinte da clorofila envolvido na ligação entre as moléculas e as membranas da célula.

Já os produtos secundários da biossíntese dos terpenos também podem agir no sistema de defesa, atuando como inseticida por meio do desenvolvimento de toxinas.
Como exemplo podemos citar os piretroides, que estão presentes naturalmente na flor de crisântemo e têm grande poder inseticida; hoje já são sintetizados industrialmente para uso comercial, uma vez que têm baixa persistência no ambiente e toxicidade em mamíferos. Os monoterpenos, óleos essenciais presentes em dutos resiníferos ou em tricomas glandulares na superfície vegetal, dão odor característico às folhas e atuam como repelente natural, além de inibir a oviposição e atrair predadores e parasitas dos insetos, sendo considerados como um promissor mecanismo ecológico no controle de pragas (Figura 4.2).

Figura 4.2 – Exemplos de óleos essenciais

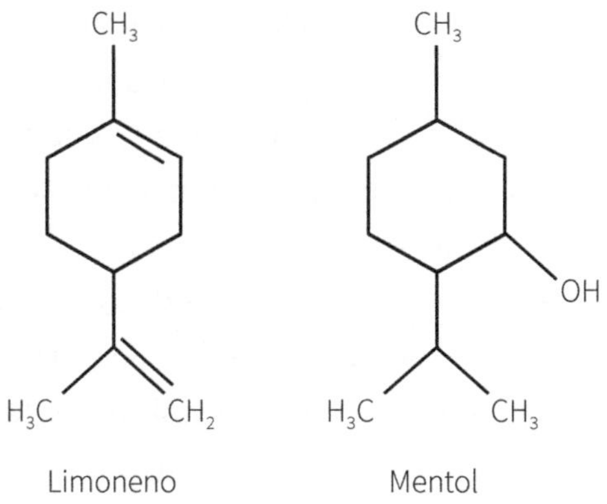

Limoneno   Mentol

Quimicamente, os compostos fenólicos pertencem a um grupo extremamente heterogêneo, que contém cerca de 10 mil compostos distintos. Em razão dessa diversidade química, os compostos fenólicos têm uma série de funções para o vegetal, como proporcionar sustentação mecânica, atrair polinizadores, agir na defesa contra herbívoros e patógenos ou, ainda, atuar na proteção contra raios ultravioleta.

Do ponto de vista metabólico, os compostos fenólicos formam uma classe bastante heterogênea, uma vez que podem ser originados por rotas distintas. As duas rotas principais envolvidas na síntese dos compostos fenólicos são as rotas do ácido chiquímico (ácido carboxílico precursor biossintético de muitos alcaloides, aminoácidos aromáticos e flavonoides) e do ácido malônico (ácido orgânico, pertencente ao grupo dos ácidos dicarboxílicos). Os compostos fenólicos podem ser constituídos de diversas formas. Em plantas vasculares, grande parte dos compostos fenólicos deriva da fenilalanina, gerada na rota do ácido chiquímico por meio da saída de uma molécula de amônia, produzindo, assim, o ácido cinâmico (ácido graxo aromático de ocorrência natural, originado de plantas superiores).

Os compostos nitrogenados representam uma grande variedade de metabólitos secundários. A maioria deles é sintetizada a partir de aminoácidos comuns, como alcaloides, os quais, na planta, têm função de defesa contra predadores, especialmente mamíferos, em decorrência da toxicidade geral e da capacidade inibitória. Outro exemplo de composto nitrogenado é a canavanina, um aminoácido não proteico, tóxico para herbívoros.

4.2 Processos extrativos

Os extrativos da madeira constituem uma imensa diversidade de compostos, os quais apresentam vasta variabilidade. Alguns desses componentes são identificados em proporções consideráveis, mas somente em certas espécies. A determinação de um solvente para uma extração é estabelecida de acordo com sua maior compatibilidade com a amostra; assim, o extrato é determinado conforme a especificidade do tipo de solvente usado em uma extração. Portanto, cada solvente reflete de maneira direta a composição do extrato e o rendimento do processo extrativo.

O solvente ideal (Quadro 4.1) precisa ter a capacidade de penetrar facilmente no tecido vegetal e extrair compostos de origem lipídica da matriz, ou então requer especificidade e deve ser eficiente para gerar um extrato puro. Como extrativos, a maioria dos solventes de hidrocarbonetos de cadeia simples têm reduzido rendimento. Por sua vez, os solventes com alta capacidade extrativa, conhecidos como *lipofílicos* – benzeno, diclorometano e clorofórmio, por exemplo –, quando utilizados indiscriminadamente, podem ter efeitos nocivos ao meio ambiente.

Atualmente, em substituição aos solventes lipofílicos, especialmente diclorometano (hidrocarboneto clorado), tem-se utilizado a acetona, que é considerada um solvente seletivo e pouco prejudicial ao meio ambiente e à saúde, mas que pode extrair também compostos com maior polaridade, tais como fenóis simples, ligninas e açúcares.

Já os taninos, considerados substâncias muito polares, são extraídos em solventes fortemente polares, tal como soluções de metanol concentrado. Por outro lado, diclorometano, clorofórmio, éter de petróleo e acetato são alguns solventes frequentemente utilizados para extrações em amostras aquosas.

Quadro 4.1 – Solventes utilizados para extração de substâncias botânicas

Solventes utilizados	Substâncias extraídas
Éter de petróleo	Lipídios, ceras, pigmentos
Diclorometano, clorofórmio	Terpenos, esteroides
Acetato de etila, butanol	Geninas de flavonoides, cumarinas simples
Etanol, metanol	Heterosídeos (extrativo fármaco)
Água acidificada	Alcaloides
Água alcalinizada	Saponinas

Fonte: Elaborado com base em Wastowski, 2018.

De acordo com Wastowski (2018), para que uma técnica seja considerada apropriada para determinada extração, deve apresentar algumas características importantes, como a capacidade extrativa do solvente, a economia de solventes, o rendimento, entre outras, que podem depender dos seguintes fatores:

- **Natureza das espécies envolvidas** – Essa natureza pode ser por simples partição de espécies neutras de substâncias apolares nas duas fases, um processo conhecido como *solvatação*, e por formação de pares iônicos com as espécies existentes nas fases.

- **Modo de contato das duas fases** – Os processos de extração podem efetuar-se em correntes cruzadas e em contracorrentes. Tanto uns quanto outros podem ser contínuos, quando o contato entre as duas fases é feito de modo cíclico repetidamente, ou descontínuos.
- **Diferença de densidade entre os solventes** – Nas extrações líquidas em correntes contínuas, muitos tipos de montagens são aperfeiçoados, tendo em conta casos em que o solvente extrator é mais denso e outros em que é menos denso que o solvente inicial da amostra. Esse procedimento está orientado à adequação do equipamento ao solvente extrator, durante a lavagem da amostra (extração de compostos) etc.

Wastowski (2018) descreve que os processos extrativos podem ir dos mais simples trabalhos mecânicos até os sistemas analíticos mais sofisticados utilizados para isolar compostos de misturas complexas. Podem ser dos seguintes tipos, por exemplo:

- Extração por arraste a vapor: É um sistema constituído por um recipiente com água fervente que injeta vapor em outro recipiente, no qual se encontra o material vegetal. Na sua passagem pelo recipiente, o vapor de água fica misturado com os compostos voláteis. Em seguida, o vapor é condensado e resfriado, obtendo-se assim um extrato de mistura líquida de óleos essenciais. Após algumas horas de repouso, os óleos essenciais separam-se da água, formando duas fases, as quais podem ser separadas. Esta técnica é aplicável, especialmente, para compostos voláteis hidrofóbicos e é uma das vias mais comuns para a obtenção de produtos naturais voláteis a partir de extratos de plantas.

- Extração em *headspace*: É uma técnica utilizada para analisar compostos em baixas concentrações e na extração de compostos voláteis de plantas por permitirem que o processo de extração ocorra a temperaturas baixas, reduzindo a possibilidade de alterações na composição da mistura volátil. Esta técnica pode ser empregada no modo estático e no modo dinâmico. O modo estático consiste na simples coleta de uma fração volátil que está em contato com a amostra; no modo dinâmico é empregado um fluxo de gás inerte que passa através da amostra e arrasta os analitos para um material absorvente, no qual os analitos são coletados; a partir daí ocorre a dessorção [liberação de determinada substância de uma interface entre uma superfície sólida e uma solução], que pode se dar por meio do uso de solventes ou pelo uso da temperatura.
- Extração por fluido supercrítico: É o processo de separação que envolve uma fase móvel extratora em condições supercríticas, aproveitando as propriedades físicas dos fluidos nesse estado. Devido ao fato de o coeficiente de difusão da fase extratora ser maior do que o dos líquidos, além da semelhança de viscosidade com os gases, a extração das substâncias é muito facilitada; a baixa viscosidade e tensão superficial próxima de zero da substância extratora permite que o fluido denso penetre facilmente nos tecidos vegetais.
- Extração em fase sólida (Solid-phase extraction – SPE): É um processo de separação que envolve uma fase móvel líquida e uma fase estacionária sólida. A fase estacionária é constituída por uma porção de material inerte e estável, no qual é retido o analito durante a passagem da fase móvel. Essa técnica é típica para extração em matrizes complexas. Se dá em

um processo rápido, não requer grande quantidade de solvente e pode ser facilmente programada, permitindo fazer processamento de grande quantidade de amostras.

- Microextração em fase sólida: É uma variante moderna da extração em fase sólida própria para gases, líquidos e sólidos em quantidade muito reduzidas. É particularmente muito rápida e não requer o uso de solventes. No processo utiliza-se uma microsseringa com agulha, dentro da qual se encontra uma fase extratora, uma variedade de fibras ópticas de sílica fundida, para a adsorção de frações.
- Extração em micro-ondas: É uma técnica bastante moderna empregada quando há grandes quantidades de amostras e de solvente, ocorrendo a purificação de produtos naturais de origem vegetal, de forma rápida e eficiente, numa matriz sólida. O mecanismo decorre por aquecimento uniforme, não superficial, de toda amostra colocada em frascos termorresistentes selados, em presença de solventes polares ou pouco polares, durante alguns minutos.
- Extração por Soxtec[*]: É uma das vias alternativas para uma extração rápida e para utilização de quantidade mais reduzidas de solvente. Neste sistema, o processo de extração ocorre normalmente no período de uma hora, por uma espécie de câmara de refluxo, onde a amostra é acondicionada no interior de um cartucho poroso, submersa num solvente em ebulição e em seguida lavada com o solvente puro da condensação; ao final, a válvula é aberta, liberando o solvente e concentrando o extrato.

---

* Trata-se de um método cujo nome se refere ao equipamento utilizado.

☐ Extração Soxhlet: É um processo que consiste na transferência das massas de uma fase sólida, parcialmente solúvel, para uma fase líquida. Esta técnica é caracterizada por ser econômica, devido à sua eficiência com pequeno volume de solvente, e adequada a compostos estáveis, não voláteis, à temperatura de ebulição do solvente e adaptável ao uso de fluidos supercríticos. (Wastowski, 2018, p. 191)

Concentração!

Soxhlet é um aparelho de laboratório inventado por Franz von Soxhlet em 1879. Foi originalmente desenvolvido para a extração de lipídios de um material sólido. É um equipamento que utiliza refluxo de solvente em um processo intermitente em que o reagente não fica em contato com o solvente (Jensen, 2007).

Figura 4.3 – Processo Soxhlet

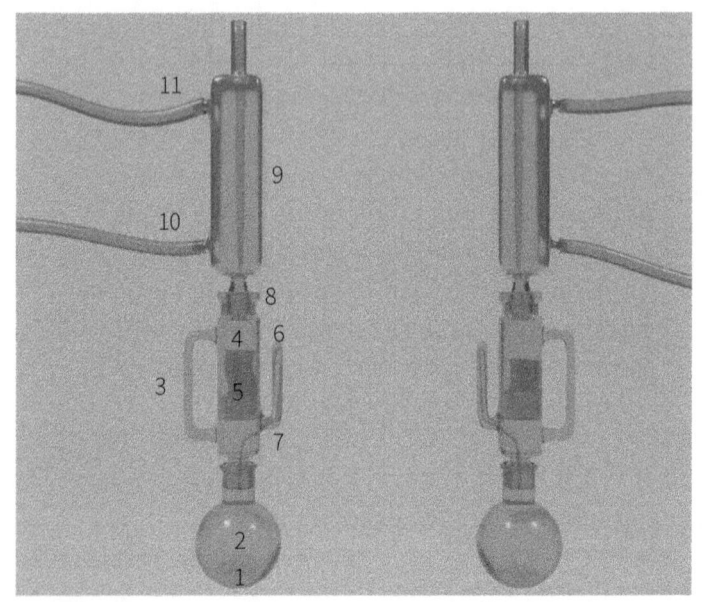

Love Employee/Shutterstock

O extrator de Soxhlet funciona do seguinte modo:
1. A matéria-prima é colocada dentro do dedal;
2. O dedal é colocado na câmara central **Soxhlet**;
3. O solvente (**reagente químico**) adequado à extração é colocado no **balão de fundo chato**, colocando-se uma quantidade correspondente a cerca 3 a 4 vezes o volume da câmara central do Soxhlet;
4. O balão é colocado na fonte de aquecimento;
5. O **Soxhlet** é colocado por cima do frasco;
6. O condensador de refluxo é colocado sobre o extrator.
(SP Labor, 2023, grifo do original)

4.3 Produtos comerciais e resina

As resinas naturais de origem vegetal, em sua maioria provenientes do metabolismo secundário, são matérias-primas com múltiplas aplicações, que envolvem proteção de superfícies, preservação e cicatrização de tecidos e o uso como isolantes e adesivos, sendo empregadas com fins industriais, medicinais e cosméticos.

São líquidos densos obtidos a partir de cortes no tronco da espécie vegetal que podem ser provocados por agentes naturais ou de maneira bem dimensionada, para fins comerciais. As resinas, também chamadas de *oleorresinas* ou *bálsamos*, são obtidas após extração, por evaporação ou destilação, de seus compostos mais voláteis, os óleos essenciais. Após a extração dos óleos essenciais, obtém-se um resíduo sólido firme remanescente, denominado *resina*, que se caracteriza por ser insolúvel em água, porém solúvel em álcool e em hidrocarbonetos. Como o passar do tempo, a resina se torna mais densa e insolúvel, consequência da oxidação e da polimerização de alguns componentes presentes em sua estrutura.

Classificadas como substâncias amorfas, as resinas naturais têm algumas propriedades semelhantes às do vidro, como transparência, brilho e morfologia de fratura (formato pontiagudo quando se quebram). Via de regra, são inodoras, mas podem apresentar um leve aroma, originado dos óleos essenciais que ainda não foram totalmente volatilizados. Quando submetidas a altas temperaturas, inicialmente ficam moles até atingirem o ponto de fusão. A variação na fluidez é consequência da presença de substâncias líquidas de baixo peso molecular, que dissolvem compostos de peso molecular mais elevado que integram sua estrutura.

Embora a composição química das resinas naturais seja bastante diversa, em geral, é possível afirmar que a maior parte de seus constituintes são ácidos orgânicos, álcoois ou cetonas que pertencem à classe dos terpenos, caracterizados por apresentarem uma extensa gama de compostos químicos. O isopreno (C_5H_8) é considerado o polímero precursor dos terpenos (Figura 4.4).

Figura 4.4 – Estrutura do isopreno

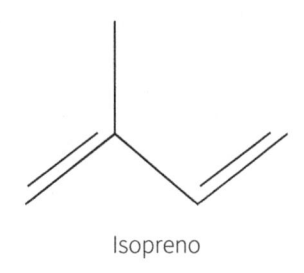

Isopreno

Os terpenos podem ser agrupados de acordo com o número de átomos de carbono (Tabela 4.1).

Tabela 4.1 – Classificação dos terpenos quanto ao número de carbonos

Número de carbonos	Classificação
10	Monoterpenos
20	Diterpenos
25	Sesterterpenos
30	Triterpenos
40	Carotenos
n*	Poli-isoprenos

Fonte: Elaborado com base em Gigante, 2005.

* Número inteiro indeterminado.

A maior parte das resinas naturais contém terpenos com 10, 20, 25 e 30 carbonos. Vale salientar que diterpenos e triterpenos não compõem uma mesma resina conjuntamente.

A composição química das resinas naturais pode sofrer alteração no decorrer do tempo, em razão da isomerização, da oxidação e da polimerização, por exposição ao ar e à luz ou em virtude dos diferentes tipos de processamento a que são submetidas. Essas alterações traduzem-se visualmente em alterações da cor com progressivo escurecimento, perda de transparência e de brilho.

As resinas sintéticas são polímeros preparados via processos de polimerização por meio de reações de adição ou condensação. Seus principais produtos são a aguarrás e o breu; o primeiro é aplicado como solvente para diluição de tintas e vernizes, e o segundo é aplicado na indústria, principalmente como adesivo.

Um produto de grande interesse econômico no extrativismo vegetal é o látex, uma suspensão que contém partículas de hidrocarbonetos do grupo dos terpenos que, por meio de sua coagulação, dá origem à borracha natural, um polímero natural extraído por meio de cortes inclinados realizados na casca do tronco da espécie vegetal e colhido em pequenos frascos afixados na extremidade inferior do corte (Figura 4.5).

Figura 4.5 – Extração de látex da seringueira

Quimicamente, a borracha natural apresenta uma longa cadeia polimérica linear com unidades do monômero cis-1,4-poli-isopreno (2-metil-1,3-butadieno) repetitivas e com densidade aproximadamente igual a 0,93 °C a 20 °C (Figura 4.6).

Figura 4.6 – Monômero da borracha natural

$$\left[\begin{array}{c} H_3C \diagdown \qquad \diagup H \\ C=C \\ \text{-----}CH_2 \diagup \qquad \diagdown H_2C\text{-----} \end{array} \right]$$

Outro extrativo de interesse industrial são os taninos, utilizados principalmente na indústria farmacêutica, com aplicação na fabricação de antídotos em intoxicações por metais pesados, adstringentes, cicatrizantes, antissépticos e antioxidantes. São polifenóis que inibem o ataque às plantas por herbívoros, por meio da redução da palatabilidade, dificultando sua digestão por esses organismos.

Os taninos são geralmente divididos em dois grupos: (1) hidrolisáveis e (2) condensados. Os **hidrolisáveis** recebem esse nome porque são hidrolisados por ácidos ou bases fracos, produzindo-se carboidratos e ácidos fenólicos; são encontrados nas folhas e no súber de diversas espécies botânicas. Os **condensados** são polímeros de 2 a 50 unidades de flavonoides ligadas por carbono-carbono, as quais não são suscetíveis a rompimento por hidrólise.

Apesar de muitos dos taninos condensados serem hidrossolúveis, alguns deles, os de maior tamanho, tornam-se insolúveis em água.

Além do látex e dos taninos, os óleos essenciais são extrativos de grande interesse comercial. São substâncias orgânicas voláteis e obtidos de partes de plantas por meio de destilação com vapor de água. Muito caracterizados pelo aroma das plantas, os constituintes dos óleos essenciais variam. O aroma das plantas que contêm os óleos essenciais é resultado da combinação de diversas frações e pode estar presente tanto em toda a planta quanto em apenas uma área, como flores, folhas, frutos, sementes, casca, madeira ou raízes.

Os óleos essenciais apresentam características como volatilidade e aroma intenso e agradável; são incolores ou com coloração amarelada e têm solubilidade limitada em água e alta em solventes orgânicos, como éter. São geralmente misturas complexas com mais de 100 componentes, que podem variar entre hidrocarbonetos terpênicos, aldeídos, cetonas, fenóis, ácidos orgânicos, óxidos, peróxidos etc.

Em sua maioria, os óleos essenciais são constituídos de substâncias derivadas de unidades do isopropenos, os terpenoides. Sua estrutura principal é constituída de carbonados dos terpenoides formados pela condensação de um número variável de unidade pentacarbonatada.

Mecanismo prático

A primeira etapa para a elaboração de um perfume é a obtenção da fragrância, que ocorre pela extração dos óleos essenciais das plantas. Um laboratorista está responsável por realizar a extração do óleo essencial da *Lavandula angustifolia*. Em seu laboratório, ele dispõe de um bico de Bunsen (dispositivo usado para efetuar aquecimento de soluções em laboratório) e vidrarias simples. Entre as técnicas conhecidas, qual seria a mais eficiente e recomendada para a extração desse óleo essencial?

Levando-se em consideração as vidrarias disponíveis e a amostra de material vegetal, a técnica mais adequada para o laboratorista utilizar seria extração por arraste a vapor, pois essa é uma técnica aplicável, especialmente, a compostos voláteis hidrofóbicos.

Como o óleo essencial da *Lavandula angustifolia* é um composto com alta volatilidade, essa é uma das vias mais comuns para a obtenção de produtos naturais voláteis a partir de extratos de plantas.

4.4 Preparo dos extratos para separação e identificação

São várias as metodologias descritas para a preparação da amostra, com vistas ao isolamento de seus componentes químicos para posterior identificação das substâncias presentes nos extratos vegetais. No caso de verificação de efeitos biológicos de interesse, deve-se realizar um método sistemático de estudo.

O solvente mais adequado para a obtenção do extrato bruto é o metanol (MeOH), pois possibilita a extração de um maior número de compostos. Posteriormente à extração, a amostra deve ser submetida a um processo de partição líquido-líquido, com solventes de polaridades crescentes, como hexano, diclorometano, acetato de etila e butanol, visando-se a uma semipurificação das substâncias por meio das polaridades dos solventes (Figura 4.7).

Figura 4.7 – Representação da separação dos principais metabólitos secundários presentes nas plantas

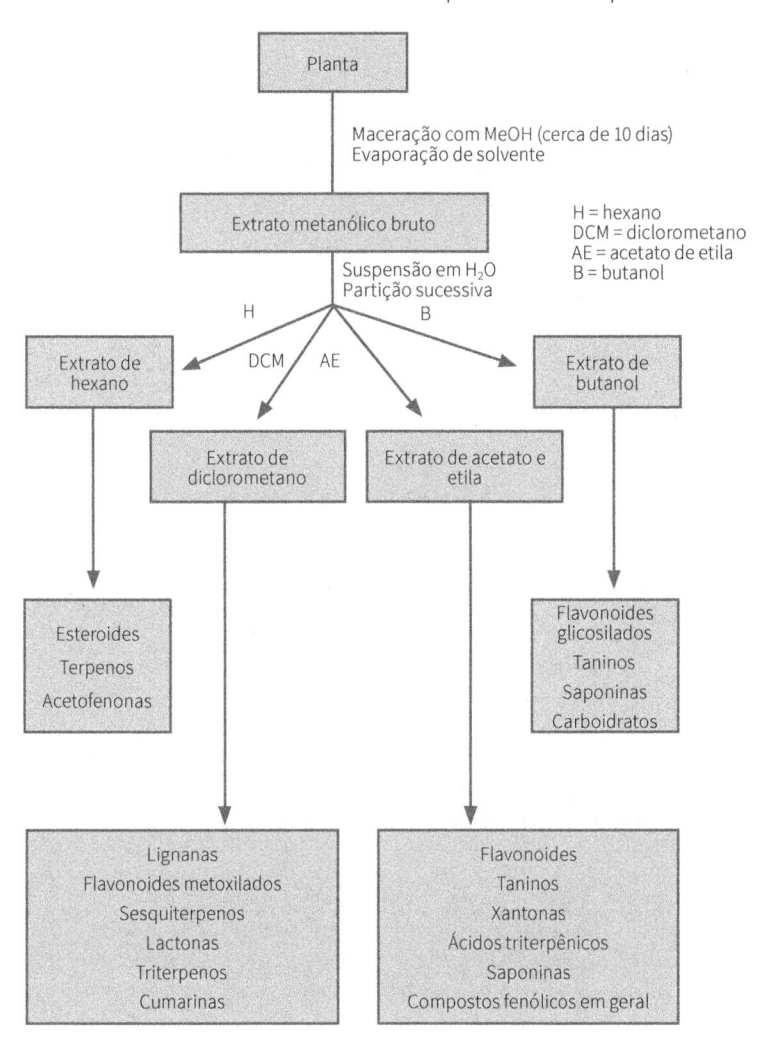

```
                    Planta
                      │
                      │ Maceração com MeOH (cerca de 10 dias)
                      │ Evaporação de solvente
                      ▼
             Extrato metanólico bruto        H = hexano
                      │                      DCM = diclorometano
                      │ Suspensão em H₂O     AE = acetato de etila
                      │ Partição sucessiva   B = butanol
           H       DCM   AE      B
```

- Extrato de hexano
- Extrato de diclorometano
- Extrato de acetato e etila
- Extrato de butanol

Extrato de butanol:
- Flavonoides glicosilados
- Taninos
- Saponinas
- Carboidratos

Extrato de hexano:
- Esteroides
- Terpenos
- Acetofenonas

Extrato de diclorometano:
- Lignanas
- Flavonoides metoxilados
- Sesquiterpenos
- Lactonas
- Triterpenos
- Cumarinas

Extrato de acetato de etila:
- Flavonoides
- Taninos
- Xantonas
- Ácidos triterpênicos
- Saponinas
- Compostos fenólicos em geral

Fonte: Cechinel Filho; Yunes, 1998, p. 100.

Em razão da elevada quantidade de amostras a serem avaliadas na análise biológica de plantas, determinadas condições precisam ser verificadas, com vistas à busca de princípios ativos de plantas com base em reprodutibilidade com baixo custo, facilidade e agilidade. Geralmente, realizam-se triagens com modelos experimentais menos complexos e, após a seleção das substâncias puras ativas, estas são avaliadas em ensaios mais específicos e, posteriormente, submetidas à análise do mecanismo de ação biológica (Figura 4.8).

Figura 4.8 – Modelo do método de obtenção de extratos de plantas para testes biológicos

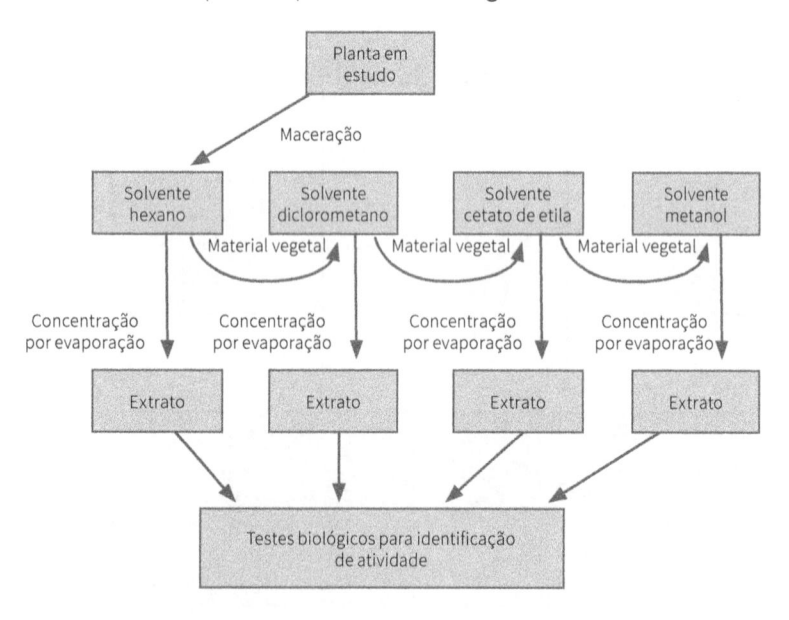

Fonte: Wastowski, 2018, p. 223.

Com o objetivo de identificar os princípios ativos, todos os extratos considerados semipuros devem ser testados. As amostras que apresentarem efeito biológico de interesse deverão ser submetidas a procedimentos cromatográficos* para isolamento e purificação dos componentes. Durante o processo de análise, recomenda-se que seja utilizada uma quantidade considerável de material botânico, pois essa técnica proporciona a determinação de compostos, mesmo que presentes em baixas concentrações.

4.5 Separação, purificação e identificação dos constituintes

Os extratos das plantas devem ser submetidos a diferentes técnicas cromatográficas. Geralmente, é empregada a cromatografia em coluna aberta (CC), com sílica-gel como fase estacionária, a qual, dependendo do extrato, é dessorvida por uma mistura de solventes, que deve ser previamente determinada por cromatografia em camada delgada (CCD).

Esses grupos de substâncias nas amostras dos extratos podem ser identificados por várias técnicas cromatográficas, como cromatografia gasosa (CG), cromatografia líquida de alta eficiência (CLAE), cromatografia por exclusão (CE), cromatografia com fluido supercrítico (CFS) e cromatografia em camada

---

* Técnica utilizada para análise, identificação e separação dos componentes de uma mistura.

delgada (CCD). Além destas, é possível utilizar algumas técnicas espectroscópicas, como a espectroscopia no infravermelho com transformada de Fourier (muito empregada como método qualitativo de análise de grupos) e uma abordagem quantitativa de extratos com a utilização de ressonância magnética nuclear (RMN) de ^{1}H e ^{13}C. Além disso, o uso de difração de raio X, quando viável, possibilita avaliar a estereoquímica real dessas amostras.

Papel cultural

Os taninos também têm aplicação na indústria alimentícia e estão presentes em diversos alimentos e bebidas, inclusive no vinho. Saiba mais no artigo indicado a seguir:

MIWA, M. Tanino: o que é esse componente do vinho? **Revista Adega**. Disponível em: <www.revistaadega.uol.com.br/artigo/tanino_529.html>. Acesso em: 5 mar. 2023.

Finalizando a trilha

Neste capítulo, examinamos os extrativos das plantas, esclarecendo que são substâncias químicas encontradas na madeira, mas que não são fundamentais na formação ou estrutura desse produto. Verificamos que essas substâncias podem ser extraídas com o uso de solventes, que são determinados conforme a maior compatibilidade com a amostra. Também abordamos as resinas e evidenciamos sua identificação como líquidos bastante densos obtidos por meio de cortes no tronco da árvore. Por fim, tratamos do preparo dos extratos, mostrando como realizar sua separação e identificação, bem como a separação, a purificação e a identificação dos constituintes em si.

Desafios do percurso

1. Sobre os tipos de técnicas extrativas de compostos orgânicos, assinale a alternativa que correlaciona corretamente o nome da técnica extrativa à descrição indicada para folhas de drogas vegetais com princípios ativos de interesse farmacêutico:
    a) A extração por Soxtec é uma extração lenta, na qual são utilizadas grandes quantidades de solvente. Nesse sistema, o processo de extração ocorre normalmente em um período de 10 horas. A amostra é acondicionada no interior de um cartucho poroso, submersa em um solvente em ebulição e, em seguida, lavada com o solvente puro da condensação. Ao final, a válvula é aberta, liberando o solvente e concentrando o extrato.
    b) A extração em micro-ondas é uma técnica empregada quando há pequenas quantidades de amostras e de solvente, promovendo a purificação de produtos naturais de origem vegetal, de modo bastante lento e com eficiência em torno de 60%, em uma matriz gasosa. O mecanismo se desenvolve por refrigeração superficial uniforme de toda a amostra colocada em presença de solventes polares.

c) A microextração em fase sólida é uma variante da extração em fase sólida, própria para grandes quantidades de gases. É particularmente muito rápida, porque no processo é utilizada uma microsseringa com agulha, com o solvente, para a adsorção de frações.
d) A extração por Soxhlet é um processo que consiste na transferência das massas de uma fase sólida, parcialmente solúvel, para uma fase líquida. É uma técnica considerada econômica, graças à sua eficiência com pequeno volume de solvente, e adequada a compostos estáveis, não voláteis, à temperatura de ebulição do solvente e adaptável ao uso de fluidos supercríticos.
e) A extração por fluido supercrítico é uma extração que envolve uma fase sólida extratora em condições de pressão e temperatura ambiente. Em razão de o coeficiente de difusão da fase sólida extratora ser maior do que o dos líquidos, a extração das substâncias é muito facilitada; a tensão superficial próxima de zero da substância extratora permite que o fluido denso penetre facilmente nos tecidos vegetais.

2. Para que seja considerada apropriada para determinada extração, uma técnica deve apresentar quais características importantes?
   a) Diferença na solubilidade da amostra; vidraria utilizada; diferença de ponto de fusão entre os solventes.
   b) Natureza das espécies envolvidas; modo de contato das duas fases; diferença de ponto de ebulição entre extrativo e solvente.

c) Semelhança na solubilidade da amostra; vidraria utilizada; diferença de densidade entre os solventes.
d) Natureza das espécies envolvidas; polaridade dos solventes; diferença de densidade entre os solventes.
e) Natureza das espécies envolvidas; modo de contato das duas fases; diferença de densidade entre os solventes.

3. Na preparação de extratos vegetais, há diversas variáveis que influenciam o processo extrativo, **exceto**:
a) estado de divisão da droga vegetal.
b) natureza do solvente quanto à polaridade.
c) permanente aumento de temperatura para aumento do rendimento.
d) tempo de extração.
e) método de extração.

4. Óleos essenciais são normalmente extraídos de plantas medicinais, sendo seu uso como antimicrobianos amplamente difundido. A seguir, são apresentadas as estruturas presentes nos óleos essenciais de citronela, eucalipto, lavanda e melaleuca.

Óleo essencial	Compostos
Citronela	Citronelal (1)
	Citronelol (2)
	Geraniol (3)
Eucalipto	α-Pineno (4)
	α-Terpineno (5)

(continua)

(conclusão)

Óleo essencial	Compostos
Lavanda	1,8-Cineol (6)
	Cânfora (7)
Melaleuca	Terpien-4-ol (8)
	α-Terpieno (5)
	γ-Terpieno (9)

Fonte: Elaborado com base em Silveira et al., 2012.

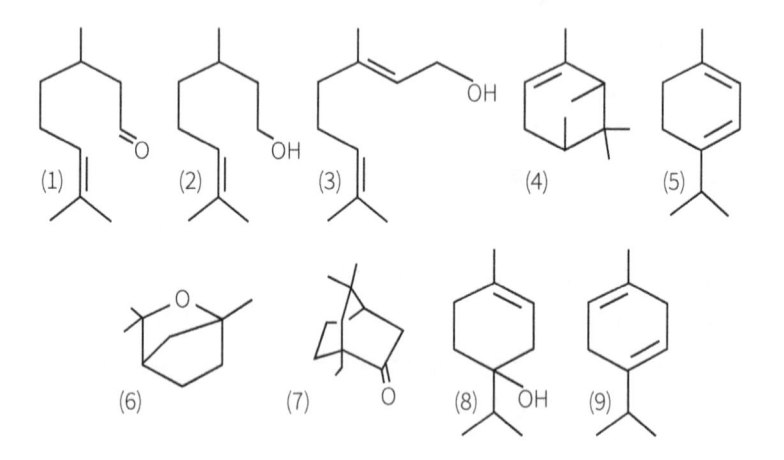

Fonte: Elaborada com base em Brophy et al., 1989.

Quanto à composição química dos óleos essenciais apresentados, analise as afirmativas a seguir e marque V para as verdadeiras e F para as falsas.

( ) O óleo essencial de lavanda tem como componente majoritário um álcool.

( ) Os componentes majoritários dos óleos de melaleuca e de citronela são isômeros.

( ) Os dois componentes majoritários do óleo de lavanda têm isômeros ópticos.
( ) O componente comum nos óleos de eucalipto e de melaleuca tem um centro estereogênico.
( ) O óleo de eucalipto difere dos outros por apresentar, apenas, hidrocarbonetos como compostos majoritários.

Agora, assinale a alternativa que apresenta a sequência correta:

a) F, V, V, F, V.
b) V, F, V, F, V.
c) F, F, V, F, F.
d) V, V, V, V, V.
e) F, F, V, F, V.

5. Um extrato aquoso de planta medicinal pode ser fracionado por partição líquido-líquido com solventes de polaridades crescentes, como:

a) diclorometano, hexano, butanol e acetona.
b) butanol, acetato de etila, diclorometano e hexano.
c) diclorometano, butanol, hexano e acetato de etila.
d) hexano, diclorometano, acetato de etila e butanol.
e) hexano, acetato de etila, diclorometano e metanol.

Elementos práticos

1. Em razão da elevada quantidade de amostras a serem avaliadas na análise biológica de plantas, determinadas condições precisam ser verificadas, com vistas à busca de princípios ativos de plantas com base em reprodutibilidade com baixo custo, facilidade e agilidade. Descreva como deve ser realizado o preparo dos extratos para separação e identificação.

2. Em um laboratório, foram enviadas amostras de determinada resina vegetal de coloração translúcida para a realização de algumas análises preestabelecidas. As amostras foram acondicionadas sem proteção, expostas ao ar e submetidas à exposição constante à luz solar. Ao coletar a amostra para realizar as análises, o laboratorista percebeu que ela estava com coloração escurecida. Por que houve o escurecimento da amostra de resina?

3. Aplique o método de cromatografia de papel para extração de pigmentos fotossintéticos.

    Materiais:
    - três folhas de uma mesma árvore;
    - álcool isopropílico;
    - béquer de 200 mL;
    - filtro de papel.

Procedimentos:

Corte as folhas em pequenos pedaços, coloque-as no béquer e adicione o álcool isopropílico sobre as folhas até que elas estejam totalmente cobertas. Em seguida, amasse-as bem, misture o conteúdo até que o líquido comece a ficar com a coloração verde e insira o béquer em um frasco com água fervente. Aguarde até que o álcool fique com a colocação verde intenso. Por fim, insira um pedaço retangular do filtro de papel no béquer, de modo que uma parte fique em contato com o líquido e a outra fique em contato com ar, sem encostar na vidraria.

Discussão:

A cromatografia é conhecida como uma técnica de separação dos componentes de uma mistura. Neste experimento, o filtro de papel faz a função da fase estacionária, por meio da qual a fase móvel (mistura dissolvida em solvente) ascende graças ao fenômeno da capilaridade.

Capítulo 5

Tipos de plantas

Com o propósito de contextualizar as diferentes características da madeira, neste capítulo, vamos abordar as plantas superiores, também conhecidas como *vasculares*, que recebem esse nome por serem o primeiro grupo de plantas na escala evolutiva a constituir vasos condutores de seiva.

Examinaremos as principais espécies pertencentes a dois grandes grupos: folhosas e coníferas, angiospermas e gimnospermas, respectivamente. Detalharemos sua anatomia e sua morfologia e analisaremos sua importância econômica e ambiental. Também descreveremos, brevemente, as características dos vegetais inferiores, que compreendem as plantas sem vasos condutores.

Veremos ainda as monocotiledôneas e as dicotiledôneas, plantas do grupo das angiospermas. As primeiras são representadas pelas herbáceas, não produtoras de madeira, e as do segundo grupo, também chamadas de *folhosas*, são formadas por estruturas mais complexas e organizadas, com grande potencial de produção de madeira, o que lhes confere significativa relevância econômica.

5.1 Plantas superiores

São consideradas plantas superiores aquelas que têm vasos condutores de seiva, também conhecidas como *plantas vasculares*. Constituído pelo xilema e pelo floema, o sistema vascular favoreceu os vegetais na evolução e na adaptação desses organismos a ecossistemas terrestres.

Como visto anteriormente, o xilema é um tecido especializado que compõe os vasos condutores que transportam a denominada *seiva bruta*, composta de água e sais minerais. Já o floema conduz produtos sintetizados pelas folhas, conhecidos como *seiva elaborada*, constituídos de açúcares e outros compostos orgânicos.

Esses vasos estão dispostos em feixes, distribuídos ao longo da planta desde as raízes até as folhas, permitindo a circulação das seivas orgânica e inorgânica. Os feixes de vasos estão localizados em todos os órgãos da planta, favorecendo as trocas de substâncias entres os meios. Evolutivamente, o surgimento desses vasos permitiu que a água e os nutrientes obtidos pelas raízes transitassem rapidamente por todas as partes da planta, contribuindo para seu crescimento.

A capacidade de sintetizar lignina foi iniciada no grupo de plantas superiores, sendo um acontecimento fundamental para a evolução dessas plantas, pois a adição de lignina à parede celular tornou-as rígidas, o que possibilitou que se mantivessem eretas, adquirindo, assim, grande porte e tornando-se a geração dominante do ciclo de vida.

A maioria das espécies botânicas presentes na superfície terrestre é representada pelas plantas superiores. Essa predominância decorre justamente, e sobretudo, da presença dos vasos condutores. Essa característica permitiu à planta que se adaptasse às mais diversas condições do ambiente, uma vez que, por meio de processos evolutivos, foi possível a utilização do solo como substrato de crescimento.

As espécies superiores pertencem a dois grandes grupos de plantas: as angiospermas e as gimnospermas; mais especificamente ainda, podem ser denominadas *folhosas* e *coníferas*, respectivamente. As folhosas são constituídas por dicotiledôneas arbóreas, e sua madeira é, em geral, mais densa do que a madeira das coníferas, as quais são também capazes de produzir resina. As madeiras desses dois grupos são diferentes porque as células que as constituem são também distintas, havendo nas madeiras de folhosas uma diversidade celular superior à observada nas madeiras de coníferas.

As coníferas, como pínus e araucária, têm como principal característica o fato de não produzirem frutos, apenas sementes, e contarem com a presença de folhas em formato de agulha ou espinho, denominadas *acículas*. Em geral, a madeira dessas árvores é de cor clara, e sua estrutura anatômica é considerada homogênea, com massa específica e densidade intermediárias. Já as folhosas, como ipê e jatobá, apresentam-se em formato de folhas, flores e frutos diversos, e sua madeira pode manifestar colorações variadas, estrutura anatômica heterogênea e massa específica diversa, podendo ser leve ou pesada.

Mecanismo prático

A *Araucaria angustifolia*, também conhecida popularmente como *pinheiro-do-paraná*, é a única espécie nativa de conífera encontrada no Brasil. De acordo com Santini, Haselein e Gatto (2000), a exploração desordenada, realizada desde o início do século XIX, reduziu drasticamente as reservas dessa espécie.

A madeira do pinheiro-do-paraná é leve, com massa específica de aproximadamente 0,55 g/cm³, apresentando boas características físico-mecânicas, porém pode ser pouco durável quando exposta ao tempo. É uma madeira indicada para construções em geral, caixotaria, móveis, laminados e vários outros usos, como tábuas para forro, ripas, palitos de fósforo e lápis (Lorenzi, 1992).

A araucária é conhecida pela sua madeira de qualidade extremamente elevada. Em razão disso, seu corte, por anos, ocorreu de maneira indiscriminada, visando ao uso comercial da madeira. Atualmente, de acordo com Bourscheit (2022), a araucária está catalogada na lista nacional oficial de espécies da flora brasileira ameaçadas de extinção, motivo pelo qual hoje é proibida sua extração, para fins comerciais ou não.

Outra conífera fornecedora de madeira é uma espécie exótica: o pínus, que foi introduzido principalmente na Região Sul do Brasil. Os mais comuns são o *Pinus elliottii* e o *Pinus taeda* L., pois foram as espécies que melhor se adaptaram às condições climatológicas da região. A madeira de pínus é uma importante matéria-prima para as indústrias moveleira, de papel e celulose e de laminados e compensados.

A grande diversidade de espécies exóticas foi fundamental para que se pudesse traçar um perfil das características de desenvolvimento de cada espécie e, assim, viabilizar plantios comerciais nas mais variadas regiões existentes no país. Entre as inúmeras espécies introduzidas, o *Pinus elliottii* foi a espécie que mais se destacou pela facilidade nos tratos culturais e pelo rápido crescimento. No Brasil, seu principal uso é para produção de madeira para processamento mecânico e extração de resina.

Pode-se dizer que as coníferas têm uma estrutura mais simples e uniforme. Cerca de 90% do xilema é formado por traqueídeos fibrosos – tecidos constituídos por pequenos tubos de dois a seis milímetros de comprimento e com dupla função: conduzir seiva ascendente e garantir a estrutura do tronco. Esses elementos são providos de pontuações, pequenas válvulas responsáveis pela passagem de seiva de um elemento tubular a outro, distribuindo-se por todos os tecidos.

Em um corte transversal da madeira, é possível observar o conjunto de traqueídeos, que formam um aglomerado de pequenos tubos. Nas coníferas, as células apresentam certo alinhamento radial, por isso podem ser consideradas porosas (Figura 5.1).

Figura 5.1 – Esquema da anatomia do tronco de uma conífera

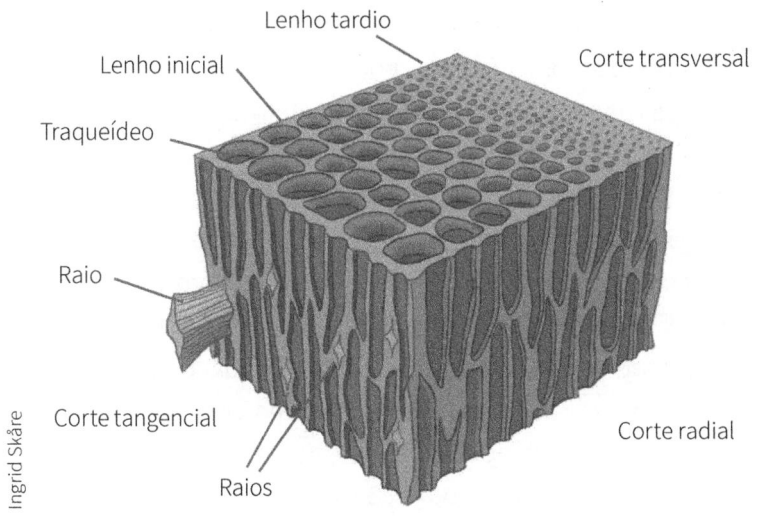

Fonte: Gonzaga, 2006, p. 23.

As araucárias podem ser consideradas de fibra longa, isso porque os traqueídeos podem alcançar até seis milímetros de comprimento. As pináceas apresentam outro tipo de tecido não encontrado nas demais coníferas, conhecido como *canais resiníferos*, que ocorrem no sentido longitudinal do tronco.

As folhosas são caracterizadas por apresentarem folhas largas, sementes no interior de frutos envoltas por casca e flores exuberantes. A maior parte das espécies florestais brasileiras nativas pertence a esse grupo, como o ipê (*Tabebuia* spp.), o mogno (*Swietenia macrophylla*), a andiroba (*Carapa guianensis*), o cedro (*Cedrella* spp.), o jatobá (*Hymenaea courbaril*) e o pau-brasil (*Caesalpinia echinata*).

No Brasil, de acordo com a Empresa Brasileira de Pesquisa Agropecuária (Embrapa, 2019), há o plantio da espécie exótica eucalipto (*Eucalyptus* spp.), uma de folhosa bastante notável, a qual têm apresentado a maior produtividade entre os cultivos florestais no país, com média de produção de madeira de 39 toneladas por hectare ao ano. Essa produtividade é decorrente da evolução científica e tecnológica das últimas décadas, com base em melhoramento genético, preparo de solo, controle de plantas daninhas, fertilização e controle de pragas e doenças.

Em geral, as madeiras de folhosas são pouco porosas. Algumas são muito ricas em taninos, que, por vezes, desenvolvem manchas cinzentas ou pretas no acabamento, quando a madeira não é tratada. As folhosas têm raios mais largos, os quais, quando vistos tangencialmente, apresentam-se, na maioria das espécies, com uma célula de largura, com exceção dos raios fusiformes, variando em uma faixa de 1-30 células de largura ou até mais em algumas espécies (Figura 5.2).

Figura 5.2 – Esquema da anatomia do tronco de uma folhosa

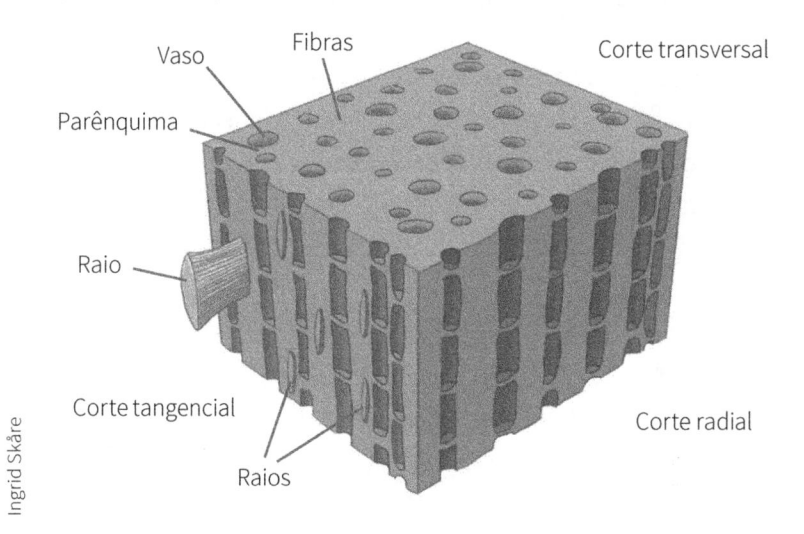

Fonte: Gonzaga, 2006, p. 25.

Concentração!

Madeiras de lei – São madeiras que se destacam por ter resistência e qualidade elevada, consequentemente, com valor agregado maior quando comparadas a madeiras de outras espécies. Elas se caracterizam pela alta densidade, razão pela qual têm menor probabilidade de sofrer desgastes originados por umidade ou ataques de cupins e demais insetos. Madeiras com essas características, via de regra, apresentam coloração peculiar, como bege-amarelado, marrom pigmentado e vermelho escuro (Selva Florestal, 2021).

5.2 Plantas inferiores

Os vegetais inferiores compreendem aqueles que não têm vasos condutores de seiva, sendo também conhecidos como *plantas avasculares*. Essas espécies não contam com adaptação completa ao ambiente terrestre, uma vez que as plantas inferiores, como as algas verdes, vermelhas e pardas, são, em geral, aquáticas.

As algas verdes, conhecidas como *clorofíceas*, são seres unicelulares ou pluricelulares, podendo viver isoladas ou em colônias, em ambientes terrestres úmidos, na água doce e no mar. Seus cloroplastos têm clorofila, carotenos e xantofilas (pigmentos fotossintéticos de coloração amarela), e as paredes celulares têm celulose.

As algas vermelhas, chamadas de *rodofíceas*, são seres pluricelulares, geralmente marinhas, mas existe um gênero de algas vermelhas que vive na água doce. Seus plastos têm clorofila, porém o pigmento predominante é o ficoeritrina, com ocorrência também da ficocianina. As algas vermelhas produzem uma secreção com alta concentração de polissacarídeos, denominada *ágar-ágar*, aplicada na biotecnologia industrial como meio de cultivo bacteriano.

As algas pardas, denominadas *feofíceas*, são espécies pluricelulares marinhas, com corpo organizado em um delineamento de raiz, caule e folha, que são chamados de *rizoides*, *cauloides* e *filoides*, respectivamente. Os plastos são providos de clorofila e de um tipo de xantofila, que lhes confere a coloração parda, chamada *fucoxantina*. O corpo das feofíceas chega a apresentar talos extensos de 15, 30 e até 70 metros, sendo revestido por uma mucilagem chamada *algina*.

5.3 Monocotiledôneas

As monocotiledôneas recebem essa denominação porque sua semente tem apenas um cotilédone ou folha embrionária. São do grupo de plantas angiospérmicas essencialmente herbáceas, que não chegam a atingir grande porte, isso porque seu caule é composto apenas de estruturas primárias e não conta com câmbio vascular e câmbio lenhoso, não produzindo, assim, tecidos vasculares secundários ou lenho (madeira).

O xilema e o floema, produzidos pelo procâmbio (tecido vegetal em forma de cilindro), são vasos condutores dispersos não organizados em forma de anel, constituindo um sistema fechado, em que os de maior porte atravessam paralelamente à folha e encontram-se ligados por vasos transversais, de dimensões menores.

Há cerca de 60 mil espécies de plantas monocotiledôneas, compreendendo plantas como as gramíneas, as quais agrupam uma série de espécies extremamente importantes para a alimentação e com valor econômico, como cana-de-açúcar, milho, arroz e trigo. No entanto, com potencial de apresentar utilização similar à da madeira, destacam-se os bambus, com função ornamental e de construção sustentável.

Os bambus se dividem em dois grandes grupos: os herbáceos e os bambus lenhosos. Os primeiros são mais utilizados como plantas ornamentais e apresentam porte inferior; já os segundos são de maior porte, assemelhando-se às árvores em termos de propriedades, resistência e também morfologia, com a presença de raízes, colmo (caule aéreo que se caracteriza por apresentar nós e entrenós, como no bambu), formação de galhos e folhas (Silva, 2005). No Brasil, a maior parte das espécies nativas é ornamental, e a maioria das espécies plantadas tem origem oriental.

As palmeiras são monocotiledôneas perenes capazes de atingir grande porte graças às suas células do parênquima, que se dividem continuamente e aumentam sem que se desenvolva um verdadeiro câmbio. São plantas nas quais se desenvolve um meristema secundário (tecido que promove o crescimento da planta em espessura) sob a forma de um cilindro que se estende ao longo do caule. Não se trata, contudo, de um câmbio vascular como o que ocorre em folhosas e coníferas, mas de um meristema secundário, que produz apenas células especializadas do parênquima, para o exterior do meristema, e vasos condutores, para a zona interna.

Mecanismo prático

Atualmente, encontram-se catalogadas mais de 320 mil espécies de plantas, algumas de estruturas relativamente simples, como os musgos, e outras de organizações corporais complexas, como as árvores. Durante uma aula de campo, dois alunos coletaram uma amostra de pinhão e confeccionaram três etiquetas, com as seguintes informações: etiqueta 1: "Planta herbácea, com flores pequenas de cor amarela"; etiqueta 2: "Planta de grande porte, com folhas em forma de agulha"; etiqueta 3: "Planta de médio porte, com sementes pequenas com um cotilédone".
Ao chegarem ao laboratório, perceberam que não haviam colado a etiqueta à amostra coletada. Qual etiqueta eles deveriam colar à amostra que coletaram na aula de campo?

Como vimos, o pinhão é a semente da *Araucaria angustifolia*. A araucária é classificada como gimnosperma, pois não tem flores nem frutos. As folhas das gimnospermas são bastante características, com formato de agulha, também chamadas de *acículas*. Considerando-se essas informações, portanto, a etiqueta que deve ser colada é a etiqueta 2.

5.4 Dicotiledôneas

A estrutura das angiospermas dicotiledôneas é mais complexa e organizada. Também chamadas de *folhosas*, costumam perder suas folhas nas estações do outono e do inverno. No Brasil, respondem pela quase totalidade da produção madeireira, com milhares de espécies (Gonzaga, 2006).

As dicotiledôneas são representadas por plantas arbóreas, e sua madeira é, via de regra, mais densa do que a madeira proveniente de coníferas, isso porque suas células constituintes são mais diversas. Apresentam tecidos com algumas diferenças em relação às coníferas, sendo possível afirmar que, nas folhosas, a especialização de funções dos tecidos é maior.

A madeira de folhosas apresenta o tecido básico de sustentação mecânica constituído por fibras longas, as quais são caracterizadas por suas células com paredes grossas e com um vazio em seu interior, denominado *lúmen*. Tais fibras medem entre 0,5 mm e 2,5 mm e constituem a maior parte do lenho, sendo as responsáveis pelo suporte e estrutura do tronco.

Internamente a esse tecido, estão dispostos vasos de condução, que se caracterizam como tubos de diâmetro relativamente grande, que em comprimento podem variar de alguns centímetros até poucos metros e são constituídos de componentes simples com orifícios nas extremidades.

Os elementos vasculares são formados por células tubulares alongadas, ligadas transversalmente, cuja função é elevar a seiva bruta. No corte transversal, esses elementos se apresentam como orifícios, denominados *poros*. No cerne de algumas espécies, ocorre a formação de tilos, projeções das células vegetais do parênquima que podem formar expansões citoplasmáticas para dentro dos vasos lenhosos velhos, causando sua obstrução, o que torna a madeira mais compacta e mais resistente à ação de micro-organismos decompositores.

As células parenquimáticas das dicotiledôneas são curtas, compactas, com extremidades achatadas e paredes finas não lignificadas. O número de células parenquimáticas nas folhosas é maior do que em coníferas, apresentando raios maiores e mais parênquima axial, cuja função principal é o armazenamento de seiva. A quantidade e o diâmetro dos vasos, bem como a porcentagem de parênquima, determinam a massa específica das madeiras.

A maioria das folhosas de zonas de clima temperado apresenta porosidade difusa, e suas madeiras praticamente não apresentam diferenças (ou apenas poucas) no diâmetro e no número de vasos em todo o anel de crescimento. Madeiras com porosidade em anel apresentam vasos com grandes diâmetros no lenho inicial e vasos com pequenos diâmetros no lenho tardio, após uma mudança abrupta.

Existem também espécies que apresentam porosidade em anel semicircular, com uma transição contínua dos diâmetros dos vasos de grandes a pequenos dentro do anel de crescimento ou, ainda, com uma acumulação de vasos no lenho inicial.

Além dos elementos estruturais comuns do lenho, em algumas madeiras podem ocorrer elementos especiais que constituem importante condição quanto ao aspecto tecnológico: os canais celulares e intercelulares são sulcos, característicos de algumas famílias e que contêm substâncias diversas, como resinas, gomas, bálsamos, taninos e látex, as quais podem desgastar e corroer as ferramentas de corte de madeira. Também podem reagir com produtos utilizados para acabamento, dificultando a adesão da película.

Os componentes axiais presentes em espécies mais adaptadas estão organizados em estratos. Essa configuração fica clara na análise do corte longitudinal, podendo ocorrer estratificação parcial ou total, limitando-se ao raio ou estendendo-se a todos os elementos estruturais do lenho, respectivamente. As listras formadas em decorrência dessa configuração são notadas a olho nu, sendo uma característica fundamental na determinação da espécie botânica que deu origem à madeira.

As madeiras de folhosas apresentam significativa variedade de cores e de massa específica, assim como constituição anatômica heterogênea. No período inicial do ciclo de vida, a árvore cresce principalmente em altura e, em seguida, no sentido transversal. O crescimento vertical ocorre até a copa alcançar uma posição que permita receber a radiação solar constantemente; a partir desse ponto, ocorre uma inversão, e a árvore passa a crescer principalmente em diâmetro.

De modo geral, as madeiras de folhosas são pouco porosas, sendo, por consequência, dificilmente impregnáveis. Algumas são muito ricas em taninos, que, por vezes, como já mencionamos, desenvolvem manchas cinzentas ou pretas no acabamento, quando a madeira não é tratada.

As madeiras de folhosas são, via de regra, utilizadas em carpintaria, para o fabrico de móveis, em marcenaria e para revestimentos em madeira. No entanto, é igualmente comum encontrá-las em vigas e estruturas de casas antigas, em pavimentos de interiores, em portas e janelas de alta qualidade, bem como em folheados decorativos.

Concentração!

No Brasil, há um gênero exótico de folhosa, o eucalipto (*Eucalyptus*), que atualmente conta com mais de 700 espécies já catalogadas. Os eucaliptos são nativos da Oceania, mais especificamente da Austrália, embora algumas espécies sejam nativas da Tasmânia e das Filipinas. São de grande importância econômica, sendo utilizados para extração de lenha, fabricação de papel e produção de óleos naturais (Embrapa, 2019).

As plantas do gênero *Eucalyptus* são consideradas perenifólias, ou seja, mantêm suas folhagens no decorrer do ano inteiro, não passando por estágios de queda e ausência de folhas. A maior parte de suas espécies apresenta dimorfismo foliar, isto é, as plantas, quando jovens, têm folhas opostas, ovais ou arredondadas, por vezes sem pecíolo, a estrutura que conecta o limbo ao caule. Quando adultas, aproximadamente após dois anos de crescimento, a maior parte das espécies passa a apresentar folhas alternadas, compridas e estreitas, com um longo pecíolo.

Outra característica marcante do gênero é em relação a seu súber, podendo ter casca lisa ou rugosa, mas sempre muito grossa e que cobre todo o caule da planta. Essa casca apresenta um ciclo anual e pode soltar-se em determinadas épocas do ano, deixando à mostra um caule claro e liso, o que caracteriza as plantações de eucaliptos.

No Brasil, considerando-se o elevado valor comercial, principalmente com vistas à produção de celulose, há grandes extensões de terra plantadas exclusivamente com eucaliptos, conhecidas como *desertos verdes*. Essa monocultura, embora interessante do ponto de vista comercial, levanta discussões acerca dos impactos ambientais causados (Sousa, 2017).

Os impactos causados pelo monocultivo de eucaliptos são diversos. Por terem alta capacidade de absorção de água pelas raízes, os eucaliptos são capazes de provocar escassez hídrica, causando o ressecamento do solo e, consequentemente, maior exposição à erosão.

5.5 Criptógamas

Genericamente, o termo *criptógamas*, que compreende algas, fungos, briófitas e pteridófitas, é empregado para caracterizar as plantas cuja frutificação ocorre apenas microscopicamente. Embora esse termo ainda seja utilizado de maneira informal, atualmente não é empregado em sistemas de classificação, porque engloba espécies sem afinidades filogenéticas. Considerando-se as classificações atuais, inseridas na categoria das criptógamas estão as briófitas e as pteridófitas, conhecidas como plantas que não produzem sementes.

As briófitas constituem o segundo maior grupo de plantas terrestres, atrás apenas das angiospermas. São plantas relativamente pequenas, comuns em ambientes úmidos, sombreados e quentes, importantes bioindicadores e fundamentais na sucessão ecológica. Estão sistematizadas em três divisões: (1) antóceros (*Anthocerotophyta*); (2) hepáticas (*Marchantiophyta*); e (3) musgos (*Bryophyta*).

As pteridófitas apresentam novidade evolutiva desenvolvida e fazem parte do grupo das plantas vasculares sem sementes, tendo como representantes mais conhecidos as samambaias e as avencas. Em sua maioria, habitam regiões tropicais, mas algumas espécies vivem em regiões temperadas e mesmo semidesérticas. De acordo com Raven, Evert e Eichhorn (2007), hoje existem mais de 10 mil espécies conhecidas, com funções diversas, como ornamentação e como combustível – pois, em condições especiais, como a alta temperatura, com o tempo, espécies vegetais que dominaram grandes áreas no passado são alteradas fisicamente, podendo formar grandes jazidas de carvão vegetal.

Nessas plantas, as raízes têm a função de fixação e absorção de nutrientes, constituindo, assim, o sistema radicular.
Já o sistema caulinar, formado por caule, ramos e folhas, tem uma conformação que amplia a absorção de luz pelo vegetal.

Além dos sistemas radicular e caulinar, está presente o sistema condutor, representado pelo xilema e pelo floema, com a função de transportar água, nutrientes e açúcares através de vasos que interligam todas as regiões da planta. Ao longo do sistema condutor, esses vasos estão dispostos de maneira entreposta e inseridos em um sistema fundamental formado por células de preenchimento, chamado de *córtex*.

O grau de lignificação dos tecidos do caule é pequeno, existindo diversos tipos de cilindro vascular, que podem ser protostélicos (quando têm a parte central sólida preenchida por xilema) ou sifonostélicos (quando têm o cilindro central preenchido por parênquima medular). O primeiro tipo pode ser encontrado em caules de plantas sem sementes extintas, ao passo que a maioria das pteridófitas apresenta organização do caule do tipo sifonostélica.

Papel cultural

Assista ao documentário indicado a seguir, que apresenta informações supervaliosas sobre a cultura do bambu. Em cada capítulo, há o enfoque em uma característica da planta.

INSTITUTO PINDORAMA. **Bambu, a planta maravilhosa**. Capítulo 1 – O que floresce morre. Disponível em: <https://www.youtube.com/watch?v=LBtVG7umZ5s&list=PLfJpmnMNZuWEGH_jl-ofihZkWRuZSewqe>. Acesso em: 5 mar. 2023.

Finalizando a trilha

Neste capítulo, tratamos das plantas superiores, ou vasculares, que contam com vasos condutores. Vimos as principais espécies pertencentes a dois grandes grupos: angiospermas e gimnospermas, também denominadas *folhosas* e *coníferas*, respectivamente. Analisamos igualmente os vegetais inferiores, que compreendem as plantas sem vasos condutores. Também abordamos as monocotiledôneas e as dicotiledôneas, plantas do grupo das angiospermas, identificando que as primeiras são representadas pelas herbáceas, não produtoras de madeira, e que as do segundo grupo, as chamadas *folhosas*, são formadas por estruturas mais complexas e organizadas. Por fim, enfocamos as criptógamas, plantas cuja frutificação ocorre apenas microscopicamente.

Desafios do percurso

1. As espécies superiores pertencem a dois grandes grupos de plantas, as gimnospermas e as angiospermas, respectivamente coníferas e folhosas. Sobre essas espécies, assinale a alternativa que apresenta a afirmação correta:
   a) As coníferas, como pínus e araucária, têm estrutura de traqueídeos, com certo alinhamento radial, podendo ser consideradas porosas. As folhosas, como ipê e jatobá, têm raios largos, o que dá a elas a característica de pouco porosas.

b) As folhosas, como o eucalipto, têm estrutura de traqueídeos, com certo alinhamento radial, podendo ser consideradas pouco porosas. As coníferas, como ipê e jatobá, têm raios largos, o que dá a elas a característica de muito porosas.

c) As folhosas, como pínus e araucária, têm estrutura de traqueídeos, com certo alinhamento radial, podendo ser consideradas porosas. As coníferas, como ipê e jatobá, têm raios largos, o que dá a elas a característica de pouco porosas.

d) As coníferas, como pínus e araucária, têm estrutura de traqueídeos, com alinhamento radial, podendo ser consideradas duras. As folhosas, como ipê e jatobá, têm raios largos, podendo ser consideradas moles.

e) As coníferas, como o pau-brasil, têm estrutura de traqueídeos, com certo alinhamento perpendicular, podendo ser consideradas duras. As folhosas, como o pinheiro, têm raios estreitos, podendo ser caracterizadas como moles.

2. As plantas terrestres, que tiveram como predecessoras as algas verdes, passaram por uma evolução funcional, ou seja, para conquistarem o ambiente terrestre, as plantas precisaram se adaptar às suas novas condições de vida. Assim, desenvolveram estruturas que determinaram o surgimento dos grupos vegetais representados no diagrama a seguir.

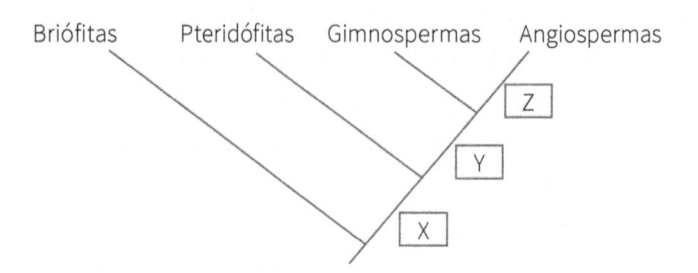

Briófitas   Pteridófitas   Gimnospermas   Angiospermas

- Z
- Y
- X

Quais são as estruturas que correspondem às letras X, Y e Z, assinaladas no diagrama?

a) X = vasos condutores; Y = flor; Z = semente.
b) X = flor e semente; Y = vasos condutores; Z = flor e fruto.
c) X = vasos condutores; Y = semente; Z = flor e fruto.
d) X = xilema e floema; Y = folha; Z = flor e fruto.
e) X = semente; Y = flor; Z = fruto.

3. Buscando informações gerais sobre a espécie de conífera *Araucaria angustifolia*, um estudante consultou o índice indicado a seguir, retirado de dois livros que diferiam quanto ao sistema de classificação dos vegetais.

LIVRO A		
Reino Plantae		
Título	Descrição	Página
Vegetais inferiores	Sem tecidos de condução, sem adaptação completa ao ambiente terrestre	201
Vegetais intermediários	Sem sementes, com ou sem tecidos de condução	202
Vegetais superiores	Com sementes, com tecidos de condução	204

(continua)

(conclusão)

LIVRO B		
Reino Plantae		
Título	Descrição	Página
Criptógamos avasculares	Sem semente, sem tecidos de condução	340
Criptógamos vasculares	Sem sementes, com tecidos de condução	341
Gimnospermas	Com sementes, sem flores e frutos, com tecidos de condução	342

Em que páginas dos livros A e B, respectivamente, o estudante encontrará as informações que procura?

a) 201 e 340.
b) 204 e 342.
c) 201 e 341
d) 202 e 341.
e) 202 e 340.

4. De acordo com a classificação dos indivíduos do Reino Plantae, relacione corretamente as colunas.

I. Angiosperma monocotiledônea
II. Gimnosperma
III. Angiosperma dicotiledônea
IV. Pteridófita

( ) Avenca
( ) Pínus
( ) Bambu
( ) Eucalipto

Assinale a alternativa que apresenta a sequência correta:
a) II, IV, I, III.
b) IV, II, I, III.
c) I, III, IV, II.
d) IV, III, I, II.
e) I, II, IV, III.

5. Com relação à anatomia da madeira, analise as afirmativas a seguir.

   I. A madeira de coníferas é considerada mais densa graças à configuração dos vasos condutores dispostos em feixes.
   II. Taninos presentes em madeira de folhosas podem ocasionar o aparecimento de manchas acinzentadas e pretas na madeira não tratada.
   III. A madeira do pinheiro-do-paraná é leve, com boas características físico-mecânicas, porém pode ser pouco durável quando exposta ao tempo.
   IV. A principal espécie exótica de folhosa introduzida no Brasil foi a *Pinus elliottii*.

   Agora, assinale a alternativa que apresenta a resposta correta:
   a) Somente afirmativas I e II estão corretas.
   b) Somente afirmativas I e III estão corretas.
   c) Somente afirmativas II e III estão corretas.
   d) Somente afirmativas II e IV estão corretas.
   e) Somente afirmativa III está correta.

Elementos práticos

1. As denominadas *plantas superiores* obtiveram importantes conquistas evolutivas. Cite essas principais conquistas e suas principais consequências.

2. As plantações de eucalipto no Brasil são conhecidas como *desertos verdes*. Essa monocultura, embora interessante do ponto de vista comercial, levanta discussões acerca dos impactos ambientais causados. Caracterize, de modo geral, o gênero *Eucalyptus* e explique por que alguns ambientalistas denominam essa monocultura de *deserto verde*.

3. O material indicado a seguir reúne informações relevantes e métodos fundamentais para o processo de identificação macroscópica de madeiras. A identificação precisa de uma espécie depende de um conjunto de conhecimentos acerca de determinadas características, como os aspectos morfológicos. Nesse sentido, essa área demonstra ser uma ferramenta essencial, auxiliando, cientificamente, no reconhecimento e na identificação de madeiras com alto grau de segurança e confiabilidade. Realize o fichamento do livro indicado a seguir, analisando quais planos de referência devem ser observados e quais características devem ser consideradas para a identificação macroscópica de madeiras.

    BOTOSSO, P. C. **Identificação macroscópica de madeiras**: guia prático e noções básicas para o seu reconhecimento. Colombo: Embrapa Florestas, 2011. Disponível em: <https://www.embrapa.br/busca-de-publicacoes/-/publicacao/736957/identificacao-macroscopica-de-madeiras-guia-pratico-e-nocoes-basicas-para-o-seu-reconhecimento>. Acesso em: 5 mar. 2023.

Capítulo 6

Produtos de madeira

Neste capítulo, vamos analisar os principais produtos derivados da madeira, como MDF (*medium density fiberboard*, ou placa de fibra de madeira de média densidade), HDF (*high density fiberboard*, ou placa de fibra de madeira de alta densidade), MDP (*medium density particleboard*, ou placa de partículas de madeira de média densidade) e painel compensado. Destacaremos suas características, especificações e principais aplicações e usos na indústria madeireira, que demanda um setor de florestas plantadas para fins industriais de extrema importância econômica.

Abordaremos, ainda, um dos principais produtos da madeira: o carvão vegetal, assim como seu método de obtenção, seu emprego como combustível para a indústria siderúrgica e a relevância ambiental disso. Por fim, trataremos do uso de produtos florestais na indústria, principalmente a celulose, material derivado da madeira e extremamente importante, sendo utilizado, principalmente, como matéria-prima para a produção de papel, um produto essencial para o setor industrial.

6.1 MDF

Os derivados de madeira são desenvolvidos em consequência da busca por materiais mais estáveis e pelo adequado aproveitamento da vasta quantidade de resíduos gerados na produção das mais diversas peças de madeira. Esse melhor aproveitamento, que resulta em importante economia da madeira, em geral, é feito com a produção industrial de placas de pequena espessura, como os materiais MDF, HDF, MDP e compensado de madeira.

O MDF (*medium density fiberboard*) é um produto relativamente recente, tendo sido fabricado pela primeira vez no início dos anos 1960 nos Estados Unidos. Em meados da década de 1970, chegou à Europa. No Brasil, sua produção em escala industrial se iniciou na segunda metade da década de 1990. Constitui-se de uma chapa confeccionada em um processo no qual se utiliza madeira reduzida a fibras, ou seja, com alto grau de desagregação. O MDF é moldado em painéis lisos sob alta temperatura e pressão, em que se usa resina como agente agregador (Bom, 2008).

As fibras são obtidas a partir do corte da madeira em fragmentos menores, denominados *cavacos*, que posteriormente são triturados. A matéria-prima empregada na produção dos painéis de MDF são resíduos industriais madeireiros, resíduos da exploração florestal e material proveniente da reciclagem de madeira sem aplicação industrial. No Brasil, as florestas plantadas de eucalipto e de pínus são a fonte principal de madeira para a fabricação desse produto (Embrapa, 2019).

O MDF é um material extremamente versátil, que pode substituir, em diversas aplicações e de maneira muito satisfatória, o aglomerado e a própria madeira em si. Pode assemelhar-se à madeira maciça, pois apresenta alta consistência e resistência, bem como elevada estabilidade dimensional e usinabilidade*.

As etapas de produção do MDF são basicamente: descascamento, fragmentação, classificação, armazenamento

---

*   Material em que é possível aplicar o processo de usinagem, processo mecânico que consiste em desgastar determinado material para obter peças com formatos específicos.

e lavagem dos cavacos, desfibramento, mistura da resina, secagem e armazenamento de fibras, entrelaçamento de fibras, seccionamento, prensagem, resfriamento e corte, lixamento e revestimento. No Quadro 6.1 consta a descrição de cada etapa.

Quadro 6.1 – Etapas de produção do MDF

Descascamento	Consiste em uma operação comum do fluxo operacional das indústrias de produtos à base de madeira. Para a obtenção de fibras, o tamanho da tora não influencia, podendo apresentar dimensões mais limitadas.
Fragmentação	Após o descascamento, por meio do uso de picadores, as toras passam por uma operação em que são gerados os cavacos.
Classificação, armazenamento e lavagem dos cavacos	Durante o processo produtivo, não é possível obter cavacos de tamanhos uniformes; graças a essa irregularidade dimensional, os maiores são separados por uma sequência de peneiras e, então, retornam ao picador. Em seguida, são armazenados em silos. Posteriormente, para aumentar a qualidade final do produto, os cavacos são lavados para que sejam retirados eventuais resíduos de sílica da madeira.
Tratamento de cavacos	Nesta etapa, a lignina presente nas camadas intercelulares é amolecida, perdendo sua capacidade de retenção de fibras, o que resulta em uma polpa de fibras mais resistente e flexível.

(continua)

(Quadro 6.1 – continuação)

Desfibramento	Este processo pode ocorrer pelo uso de desfibradores mecânicos ou por uma técnica, menos utilizada, na qual se aplica aumento de pressão. Os cavacos são introduzidos nos desfibradores e, por força centrífuga, lançados para as extremidades dos discos.
Mistura de resina	Nesta etapa, misturam-se à matéria-prima a resina, o catalisador e, em alguns casos, determinados aditivos. As resinas mais utilizadas são à base de formaldeído.
Secagem e armazenamento de fibras	Os secadores aplicados na manufatura do MDF são simples, caracterizados por um duto em cujo interior flui ar seco e quente. O elevado teor de umidade das fibras acarreta uma série de problemas no momento em que a manta é formada e prensada a quente no silo de fibras. Em seguida, as fibras são armazenadas em locais chamados *tanques "pulmão"*, que têm a função de acumular um volume adequado de fibras para a formação das mantas, sem que ocorra uma provável interrupção em decorrência de distúrbios na linha de fluxo das fibras.
Entrelaçamento de fibras	Nesta etapa, ocorre a formação do colchão a seco, constituído a partir de uma suspensão das fibras ao ar. O sistema formador da manta tem um bico de oscilação lateral que descarrega as fibras sobre uma cinta porosa de avanço contínuo.

(Quadro 6.1 – conclusão)

Seccionamento	O sistema de seccionamento muda conforme o tipo de linha de formação, que é o conjunto de equipamentos cujas operações dão a forma final ao MDF. Quando o processo de secagem é intermitente, a manta é cortada por lâminas circulares não dentadas e, em seguida, encaminhada às operações de pré-prensagem, para evitar possíveis desmembramentos e deslizamentos das fibras da manta durante a prensagem a quente.
Prensagem	Trata-se de um processo a quente em que a madeira recebe o adesivo, o qual, por meio da ação da pressão e da temperatura, endurece. Ocorre o achatamento da chapa, por meio de ação mecânica, até que se atinja uma espessura determinada.
Resfriamento	Esta etapa é realizada para evitar variações dimensionais da chapa após o aquecimento. Normalmente, as chapas são resfriadas à temperatura ambiente, protegidas das intempéries; o tempo de resfriamento depende do tipo de linha de formação utilizada.
Corte, lixamento e revestimento	O corte é feito de modo a seguir as medidas dos painéis de MDF, conforme padrões estabelecidos. O lixamento está diretamente relacionado à preparação da superfície das chapas, para acabamentos. O revestimento pode ser realizado com tintas, tingidores, vernizes etc.

Fonte: Elaborado com base em Campos; Lahr, 2002.

Os painéis de MDF têm alta empregabilidade pelo fato de o material apresentar alta resistência mecânica, elevada acessibilidade de matéria-prima e baixa exigência de energia na produção. É considerado sustentável, uma vez que está associado ao aspecto renovável tanto da fonte de matérias-primas quanto do produto final. Contudo, no processo de fabricação dos painéis, o formol é utilizado em grande escala em diversas etapas de produção, gerando emissões atmosféricas, além de outros resíduos em efluentes.

Na fabricação de painéis de MDF, é possível corrigir grande parte das limitações inerentes à anatomia da madeira, como a presença de medula e as tensões de crescimento e nós, por exemplo. Assim, o material fabricado tem propriedades conhecidas, que estão sujeitas apenas a variáveis controladas no processo de fabricação. Além disso, outras características interessantes podem ser agregadas ao produto final, como a resistência ao fogo, diversificando-se, desse modo, as aplicações do produto.

O MDF é um material com mercado estabelecido mundialmente no ramo moveleiro e gradativamente está sendo inserido na indústria da construção civil. Os painéis encontrados atualmente são leves e resistentes à umidade em ambientes internos e externos, desde que seguidas as recomendações de selagem da superfície e topos com produtos adequados.

Atualmente, há uma grande preocupação quanto ao uso de formaldeído nas resinas empregadas na fabricação de MDF e aos riscos à saúde envolvidos nessa utilização. As resinas são substâncias amorfas, insolúveis em água, geralmente solúveis em álcool e que amolecem sob a influência de altas temperaturas. No processo de laminação e na fabricação de compensado, a resina é empregada como um adesivo para fixar as folhas e as partículas de madeira.

A qualidade e a categoria da resina têm eficácia significativa sobre a composição dos painéis de madeira. O aumento do teor de resina causa um acréscimo nas propriedades mecânicas e na estabilidade dimensional, graças a uma maior disponibilidade de resina por área superficial de partículas, consequentemente potencializando as ligações intermoleculares.

A técnica de aplicação é um fator determinante que atua sobre a eficiência da resina. Tanto a adesão interna quanto o módulo de ruptura de painéis reconstituídos dependem da distribuição dessa substância. A escolha do tipo de resina está condicionada às condições de uso do produto final, e os principais tipos de resina utilizados pelas indústrias de painéis de madeira são a ureia-formaldeído (UF) e a melamina-formaldeído (MF).

Elemento fundamental!

O **formaldeído**, de nome oficial *metanal*, conforme a International Union of Pure and Applied Chemistry (IUPAC), é o aldeído mais abundante na natureza, sendo o composto mais simples da família dos aldeídos (Figura 6.1). Também conhecido como *formol*, essa substância caracteriza-se por ser um gás incolor com odor irritante, sufocante e característico, sendo detectado mesmo em baixas concentrações (Cetesb, 2012).

Figura 6.1 – Representação da estrutura química do metanal

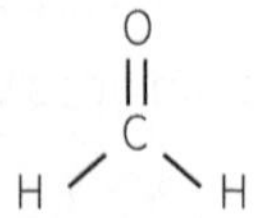

$$\underset{H \diagup \overset{\displaystyle C}{} \diagdown H}{\overset{\displaystyle O}{\|}}$$

Considerado tóxico à saúde humana e animal, o formol, quando inalado, pode provocar graves danos ao trato respiratório, causando queimadura nas mucosas e dificultando a respiração. Em contato direto com a pele e os olhos, ocasiona queimaduras e, em caso de contato prolongado, pode causar hipersensibilidade e risco de edema alérgico.

6.2 HDF e MDP

O HDF (*high density fiberboard*) é menos conhecido e relevante comercialmente do que o MDF. Ambos são fabricados de maneira semelhante, diferindo apenas na fase da prensagem. Para a produção de MDF, a espessura de 50 mm da placa de fibra é comprimida até atingir uma espessura final de 30 mm; já na produção de HDF, a chapa é prensada até uma espessura final entre 2,5 mm e 6,0 mm. O resultado é uma placa de madeira muito mais densa e compacta, com boa resistência física e mecânica, porém com baixa capacidade de usinagem.

As chapas de fibra apresentam a face superior lisa e a face inferior corrugada. As fibras são aglutinadas com a própria lignina da madeira e prensadas a quente, por meio de processo úmido que reativa o aglutinante, formando chapas rígidas de alta densidade de massa, por isso também conhecidas como *chapas duras* (*hardboard*). São indicadas para aplicações nas quais é necessária alta resistência à flexão. Suportam pesos elevados e impactos repetidos.

Também conhecido como *aglomerado*, o MDP (*medium density particleboard*) é uma chapa fabricada com partículas de madeira aglutinadas por meio de resina, com ação de calor e pressão. É bastante comum que as matérias-primas empregadas no MDP sejam resíduos industriais de madeira; resíduos da exploração florestal; madeiras de qualidade inferior, não industrializáveis de outra forma; madeiras provenientes de florestas plantadas; reciclagem de madeira sem utilização.

A nomenclatura MDP surgiu após o desenvolvimento tecnológico da produção que implementou ao produto final melhores características quanto à resistência. As madeiras mais utilizadas no Brasil são o pínus e o eucalipto, mas não há restrições de emprego de resíduos industriais ou madeiras de baixa qualidade (Vidal et al., 2015).

A resina mais usada no MDP é a ureia-formaldeído, por apresentar um baixo custo, porém fornece baixa resistência à umidade. Usa-se também fenol-formaldeído, substância que confere mais resistência aos painéis, com a desvantagem de apresentar elevada toxicidade.

Em comparação com a madeira serrada, destaca-se como vantagem do MDP a redução do efeito de anisotropia e da heterogeneidade quanto às propriedades físicas e mecânicas. A principal vulnerabilidade relaciona-se à baixa resistência à umidade, e a maior inconveniência é a toxidade do adesivo à base de formol.

6.3 Painel compensado

Os compensados são painéis formados por diversas lâminas de madeira, em várias camadas coladas, umas sobre as outras, com resinas fenólicas ou ureia-formaldeído, de maneira que a compensação de forças é realizada por meio da disposição perpendicular das fibras das lâminas, coladas sob pressão e temperatura. Os compensados podem ser dos seguintes tipos:

- **Multilaminado** – As lâminas de madeira são sobrepostas em número ímpar de camadas coladas transversalmente.
- **Sarrafeado** – Dispõe de miolo composto de sarrafos e capas com lâminas de madeira, contando com camadas de transição compostas de lâminas coladas perpendicularmente aos sarrafos e às capas.
- **Compensado de madeira maciça** – É constituído de três camadas cruzadas de sarrafos colados lateralmente.

No Brasil, produz-se o compensado tropical, o qual, para ser produzido, recebe como matéria-prima madeira advinda de florestas plantadas, especialmente pínus, bem como proveniente de florestas nativas de folhosas.

Cada material descrito tem especificações e usos diversos. O MDF, chapa de fibras de média densidade, apresenta boa resistência e usinabilidade, tem custo médio e é utilizado para fabricação de móveis em geral com peças e cantos arredondados. O HDF, chapa de fibras de madeira de alta densidade, tem excelente estabilidade dimensional, porém apresenta usinabilidade restrita, tem baixo custo e é aplicado principalmente em fundo de móveis, gavetas, peças curvas e artesanato. O MDP, chapa de partículas de média densidade, apresenta baixa resistência à umidade e não permite usinagem, tem baixo custo e é utilizado para móveis em geral e gôndolas. O painel compensado, formado por diversas lâminas de madeira, apresenta alta resistência e boa usinabilidade, porém tem alto custo, sendo aplicado para móveis de alta qualidade, tapumes e divisórias, palcos e passarelas temporárias (Gordeeff, 2023).

Os painéis de madeira predominam na indústria moveleira; cada um deles tem características específicas visíveis, mesmo a olho nu.

6.4 Carvão vegetal

O carvão vegetal é obtido pela carbonização da madeira por meio do processo de pirólise, ou seja, a queima da madeira em uma atmosfera com restrição de oxigênio, o que não proporciona a combustão total do material. O carvão vegetal tem coloração preta característica, e suas propriedades são diretamente influenciadas pelo tipo de madeira.

Entre as temperaturas de 100 °C e 250 °C, a madeira adquire tons mais escuros e, apesar de ainda manter a estrutura íntegra, sua resistência diminui. Quando submetida a altas temperaturas, o resultado desse tratamento é a obtenção de uma parte de carvão vegetal e de outra parte de produtos voláteis, condensáveis ou não, denominados *produtos da destilação da madeira*. Por isso são empregados dois termos equivalentes para o mesmo processo químico: *carbonização*, quando se visa à obtenção de carvão vegetal como produto mais importante, ou *destilação seca*, se a recuperação de produtos químicos representa um fator econômico importante do processo.

O carvão vegetal pode ser obtido por dois métodos, com o uso de fornos de alvenaria ou cilindros metálicos; em ambos os métodos, parte das fumaças e parte da madeira enfornada são consumidas em reações de combustão para fornecer energia necessária ao processo de carbonização. Em fornos metálicos, a energia é proveniente totalmente da queima das fumaças da carbonização, quando a queima é realizada em retortas de carbonização contínua (fornos cilíndricos metálicos), ou completamente oriunda de energia elétrica, quando a queima é realizada em fornos de micro-ondas, em que os valores de rendimento podem aproximar-se dos valores de rendimento teóricos.

No Brasil, em razão da alta demanda, a siderurgia é o setor industrial que estimula a produção de carvão vegetal, pois o utiliza como fonte de energia e agente redutor de minério de ferro em substituição ao coque, material carbonáceo sólido obtido a partir da destilação do carvão mineral, principalmente na produção de ferro-gusa (produto imediato da redução do minério de ferro).

Por não conter enxofre em sua fórmula química, o carvão vegetal propicia uma qualidade superior ao ferro-gusa produzido, o que permite uma valorização desse produto no mercado. O carvão vegetal pode ser considerado ambientalmente sustentável, quando oriundo de florestas plantadas. No entanto, o preço do carvão vegetal proveniente de desmatamento e extração ilegal de florestas nativas é entre 10% e 12% mais baixo, o que dificulta o uso do insumo sustentável.

6.5 Desempenho industrial de produtos florestais

O setor de florestas plantadas para fins industriais é de extrema importância na composição econômica brasileira, com recordes de crescimento a cada ano. A indústria de produtos florestais apresenta uma relevante participação do produto interno bruto industrial do país, com maior desempenho do que outros setores da indústria, como a indústria agropecuária, por exemplo. Entre os produtos que compõem esse setor estão painéis de madeira, madeira serrada, carvão vegetal, além dos produtos da indústria de papel e celulose (Pereira, 2003).

A celulose é um dos mais importantes derivados da madeira e o principal polímero natural constituinte nas plantas. Trata-se de um polissacarídeo que se apresenta como um polímero de condensação de cadeia linear insolúvel à temperatura ambiente. É encontrado em praticamente todos os organismos botânicos, sendo o principal componente da parede celular, a qual é tida como o esqueleto básico das células vegetais; suas moléculas filamentosas e altamente resistentes, juntamente com a lignina, conferem rigidez à estrutura vegetal.

Tecnicamente, a celulose pode ser definida como um resíduo resultante da deslignificação parcial ou total da madeira. Já do ponto de vista químico, ela pode ser definida como um polissacarídeo formado por unidades de D-anidroglicose unidas por meio de ligações β-1,4 (ligações em que os átomos de carbono 1 e 4 de dois monômeros formam uma ligação glicosídica), que, por hidrólise, produzem única e exclusivamente moléculas de glicose (Figura 6.2).

Figura 6.2 – Estrutura química da celulose

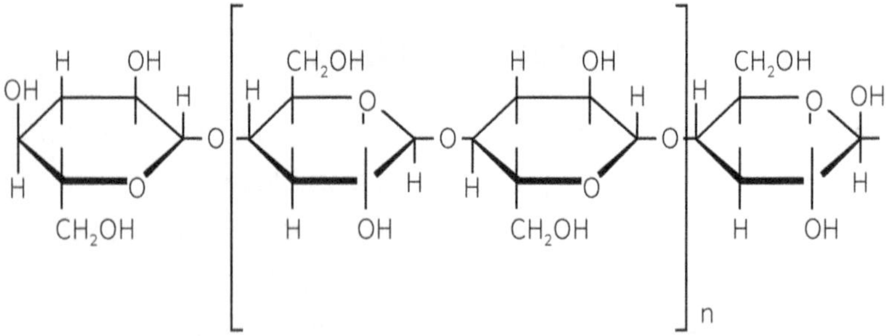

Fonte: Akil et al. 2011, p. 4109.

A estrutura da celulose é representada pela fórmula química $C_6H_{10}O_5$, sendo formada pela união de centenas ou até milhares de moléculas de glicose, por meio de ligações β-1,4-glicosídicas, um tipo de ligação covalente que resulta da reação de condensação. Após a formação dessas ligações, as macromoléculas de celulose estabelecem entre si ligações de hidrogênio, as quais são responsáveis pela estrutura espacial linear da molécula de celulose, formando fibras insolúveis e dificultando a degradação dessas fibras.

Concentração!

Um exemplo do uso das fibras de celulose ocorre na indústria têxtil. Ao lado do algodão, do linho e de outras fibras naturais, a celulose forma o *rayon*, uma fibra desenvolvida em um processo que utiliza matérias-primas naturais para produzir um tecido que se assemelha muito ao algodão e ao linho (Vidal et al., 2015).

Apesar de ter aplicação nas indústrias têxtil, de construção civil e farmacêutica, o principal uso comercial da celulose é na fabricação de papel. O *processo Kraft*, nome dado ao processo de conversão de madeira em polpa, separa a celulose da lignina (Figura 6.3).

Figura 6.3 – Processo de extração da fibra de celulose

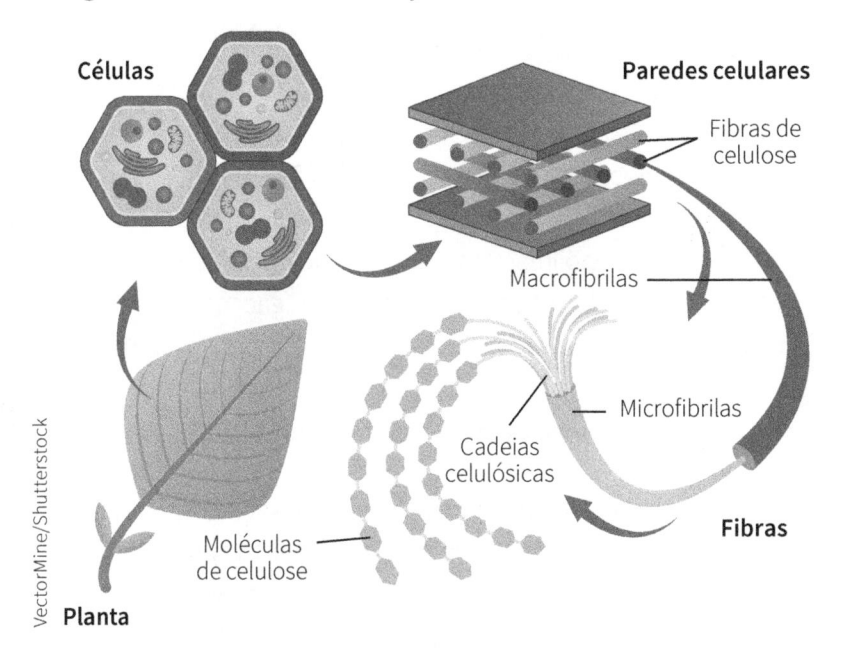

A celulose pode ser de fibra longa, curta ou, ainda, do tipo *fluff*. A celulose de fibra longa confere maior resistência ao produto e tem entre 2 mm e 5 mm de comprimento, com uso destinado à fabricação de embalagens, filtros e guardanapos. A celulose de fibra curta mede de 0,5 mm a 2 mm, tem menor resistência, porém maciez e absorção, e é ideal para a fabricação de papel sulfite. Os papéis sanitários também podem ser feitos com fibra curta. Já a celulose tipo *fluff* tem alta uniformidade, baixa energia de desfibramento e grande capacidade e velocidade de absorção e retenção de líquido, motivo pelo qual é utilizada na fabricação de absorventes higiênicos, fraldas e lenços umedecidos.

Elemento fundamental!

O termo *celulose* pode assumir duplo significado, um técnico e um químico. Tecnicamente, a celulose pode ser definida como um resíduo resultante da deslignificação parcial ou total da madeira. Já do ponto de vista químico, a celulose pode ser definida como um polímero natural formado por unidades monoméricas de glicose unidas por meio de ligações β-1,4, que, por hidrólise, produzem única e exclusivamente moléculas de glicose.

Para o emprego da celulose ser possível na indústria, é preciso realizar sua extração por um processo denominado *polpação*, método de extração no qual ocorre a ruptura intrínseca das ligações das fibras, originando a polpa de celulose. No Brasil, o processo de extração mais utilizado é o Kraft (Rigatto; Dedeck; Mattos, 2004).

Observe as etapas do processo Kraft na Figura 6.4, a seguir.

Figura 6.4 – Etapas do processo Kraft

1. Recepção da madeira
2. Preparo da madeira
3. Cozimento no digestor
4. Branqueamento
5. Secagem e formação de fardos
6. Expedição

Macrovector/Shutterstock

Fonte: Elaborado com base em CropLife Brasil, 2020.

Ao sair da área de plantio, a madeira é transportada até a fábrica sem que seja necessária uma padronização, podendo apresentar diferentes diâmetros, com presença ou não de casca. Conforme descrito anteriormente, na fábrica, conduz-se a madeira ao picador para ser descascada e transformada em pequenos pedaços de madeira, conhecidos como *cavacos*, cujas dimensões são preestabelecidas, sendo, então, encaminhados para o cozimento no digestor. Nessa etapa, para que a polpação se inicie, os cavacos são introduzidos nos digestores junto com hidróxido de sódio (NaOH) e sulfeto de sódio (Na_2S), a uma temperatura constante de 160 °C, dissolvendo-se a lignina e produzindo-se celulose como uma massa marrom.

Após a extração da polpa de celulose, ocorre a etapa do branqueamento, mais uma etapa química, na qual são adicionados peróxido de hidrogênio, dióxido de cloro, oxigênio e hidróxido de sódio, com o objetivo de tratar a celulose para que ela tenha o maior grau de pureza possível. Em seguida, a celulose é direcionada à mesa plana, passando por rolos de prensagem e secagem com ar quente, de modo a transformar a polpa em uma folha contínua, lisa e com umidade regulada.

Por fim, seguindo para a produção de papel, a folha com baixo teor de umidade passa por maquinários, como enroladeiras e rolos de rebobinagem, nos quais a folha se solta da esteira e forma enormes rolos. Em seguida, a folha é encaminhada para corte, embalagem e expedição.

Para a produção de celulose, há o cultivo de florestas plantadas, evitando-se, assim, que matas nativas sejam utilizadas para esse fim. Tal fato está totalmente relacionado à compensação de emissões de CO_2, também conhecida como *créditos de carbono*. Atualmente, a indústria de papel e celulose é capaz de neutralizar por volta de 8 milhões de toneladas de carbono, valor equivalente à neutralização de todo o CO_2 emitido por sua cadeia produtiva (Rodrigues; Palma, 2023).

Apesar disso, as etapas de branqueamento e destinação de resíduos podem causar diversos impactos ambientais, uma vez que os reagentes utilizados nesses processos apresentam cloro em sua composição, podendo contribuir para a geração de efluentes contendo compostos organoclorados e sódicos, que podem afetar a vida aquática, quando descartados no ambiente sem tratamento.

Papel cultural

O carvão ativado é uma qualidade de carvão vegetal que pode ser utilizado para diversos fins, inclusive no tratamento de efluentes industriais. Saiba mais em:

MUCCIACITO, J. C. Uso eficiente do carvão ativado como meio filtrante em processos industriais. **Portal Tratamento de Água**, 28 jul. 2009. Disponível em: <https://tratamentodeagua.com.br/artigo/uso-eficiente-do-carvao-ativado-como-meio-filtrante-em-processos-industriais>. Acesso em: 5 mar. 2022.

Finalizando a trilha

Neste capítulo, verificamos que o setor de florestas plantadas para fins industriais é de extrema importância. Além disso, analisamos os principais produtos derivados de madeira, como MDF, HDF, MDP e painel compensado, descrevendo suas características e aplicações. Examinamos a origem do carvão vegetal, seu processo de obtenção e seu uso como combustível. Por fim, identificamos o uso de produtos florestais na indústria, principalmente a celulose, e sua relevância como derivado da madeira, a qual é utilizada, principalmente, como matéria-prima para a produção de papel, um importante setor industrial.

Desafios do percurso

1. O papel é produzido industrialmente a partir das fibras de celulose retiradas dos troncos das árvores, de folhas (sisal), de frutos (algodão) e de rejeitos industriais (bagaço de cana, palha de arroz etc.). Para fins especiais, podem ser utilizadas fibras de origem animal (lã), mineral (asbesto) ou sintética (poliéster, poliamida). As demais matérias-primas (ou insumos) são água e outros produtos químicos, dependendo do processo de obtenção da celulose em questão. Sobre os processos utilizados na obtenção do papel, marque V para as afirmativas verdadeiras e F para as falsas.

   ( ) Para que a polpação se inicie, utilizam-se nos digestores hidróxido de sódio e dulfeto de sódio a uma temperatura de 160 °C, a fim de promover a dissolução da lignina e obter celulose como uma massa marrom.

   ( ) Os agentes branqueadores têm como objetivo garantir que a celulose tenha o maior grau de pureza possível. Podem ser peróxido de hidrogênio, dióxido de cloro, gás oxigênio e hidróxido de sódio.

   ( ) A massa branca utilizada no processo Kraft contém carbonato de sódio e sulfeto de sódio em uma proporção típica de 5 para 2 com um pH (potencial hidrogeniônico) de 13,5 a 14.

   ( ) O hipoclorito de sódio é o mais seletivo e eficaz no branqueamento da celulose, retirando as impurezas e os corantes sem danificar a fibra.

Agora, assinale a alternativa que apresenta a sequência correta:
a) F, V, F, F.
b) V, V, F, F.
c) V, V, F, V.
d) F, V, V, F.
e) F, V, F, V.

2. Um dos recursos minerais de maior importância histórica é o carvão vegetal. Sobre esse importante recurso, analise as afirmações a respeito de sua formação, produção e aplicação e assinale a alternativa correta:
   a) O carvão vegetal tem coloração branca característica, e suas propriedades são diretamente influenciadas pelo tipo de madeira utilizada para sua produção.
   b) O carvão vegetal é obtido pela carbonização da madeira por meio do processo de pirólise, que consiste na queima da madeira em uma atmosfera com restrição de oxigênio.
   c) No Brasil, em razão da alta demanda, a indústria alimentícia é o setor industrial que estimula a produção de carvão vegetal, pois o utiliza como fonte de energia para fornos de cozimento.
   d) Durante o processo de obtenção, em temperaturas entre 100 °C e 250 °C, a madeira adquire tons mais escuros, e sua resistência aumenta, apesar de não manter a estrutura íntegra.
   e) O carvão vegetal pode ser obtido por dois métodos: com o uso de caldeiras ou fornos industriais.

3. Assinale a alternativa que indica corretamente o principal uso comercial da celulose:
   a) O principal uso comercial da celulose é como fertilizante para florestas plantadas da espécie eucalipto.
   b) O uso comercial da celulose se destina exclusivamente à fabricação de papel e papelão.
   c) O principal uso comercial da celulose se verifica na fabricação de polímeros termorrígidos.
   d) O principal uso comercial da celulose é na fabricação de papel.
   e) O uso comercial da celulose volta-se exclusivamente à fabricação de tubos e conexões.

4. O desenvolvimento tecnológico verificado no setor dos painéis à base de madeira tem ocasionado o aparecimento de novos produtos no mercado internacional e nacional. Acerca disso, relacione cada material às suas características.

Material	Características
I. Painel compensado	( ) Painel composto de partículas de madeira ligadas entre si por resinas de fenol-formaldeído. Essas resinas, sob ação de pressão e temperatura, polimerizam, garantindo a coesão do conjunto.
II. MDP – chapa de partículas de média densidade	( ) Painel composto de várias lâminas desenroladas, unidas cada uma perpendicularmente à outra, com resinas fenólicas ou ureia-formaldeído.

(continua)

(conclusão)

Material	Características
III. HDF – chapa de fibras de madeira de alta densidade	( ) Painel com excelente resistência dimensional, porém baixa usinabilidade. Os painéis são formados de modo que as fibras são aglutinadas com a própria lignina da madeira e prensadas a quente.
IV. MDF – chapa de fibras de densidade média	( ) Painel produzido com fibras de madeira, com resistência média, porém baixa resistência à umidade.

Agora, assinale a alternativa que apresenta a sequência correta:

a) IV, I, III, II.
b) IV, II, III, I.
c) I, III, II, IV.
d) IV, I, II, III.
e) I, II, IV, III.

5. Assinale a alternativa que apresenta as principais características e aplicações da celulose tipo *fluff*:

a) A celulose tipo *fluff* tem alta uniformidade, baixa energia de desfibramento e grande capacidade e velocidade de absorção e retenção de líquido, motivo pelo qual é utilizada na fabricação de papelão e papel corrugado.

b) A celulose tipo *fluff* tem alta uniformidade, baixa energia de desfibramento e grande capacidade e velocidade de absorção e retenção de líquido, motivo pelo qual é utilizada na fabricação de absorventes higiênicos, fraldas e lenços umedecidos.

c) Em razão de sua alta uniformidade e baixa capacidade de absorção, a celulose tipo *fluff* tem como principal aplicação a produção de papel de baixa gramatura.
d) A celulose tipo *fluff* tem baixa uniformidade, alta energia de desfibramento e grande capacidade e velocidade de absorção e retenção de líquido, motivo pelo qual é utilizada na fabricação de papéis fotográficos.
e) Em razão de sua baixa uniformidade e capacidade de absorção, a celulose tipo *fluff* tem como principal aplicação a produção de absorventes higiênicos e fraldas.

Elementos práticos

1. A celulose é utilizada na indústria farmacêutica como revestimento em medicamentos, principalmente pela melhor assimilação do princípio ativo pelo organismo humano. Esses compostos poliméricos à base de celulose são utilizados para garantir que o fármaco seja liberado somente quando em contato com soluções aquosas cujo pH se encontre próximo da faixa da neutralidade. Qual é a finalidade do uso desse revestimento à base de celulose?

2. Nos últimos anos, os painéis de madeira têm ganhado muito espaço na indústria moveleira e, atualmente, predominam como matéria-prima na fabricação de móveis. Podem ser fabricados a partir da matéria-prima de madeira em diversas formas: fibras, partículas ou lâminas. A produção e a utilização desses produtos podem ser consideradas sustentáveis? Por quê?

3. Santos et al. (2001) informam que o papel é um dos materiais mais importantes e versáteis que existem. A celulose, componente principal da madeira, por meio de suas fibras entrelaçadas, origina a principal matéria-prima desse material. Além de conhecer a fabricação do papel e seus aspectos ambientais no decorrer da história, é fundamental entender os fatores que determinam essas propriedades relacionadas à matéria-prima, aos reagentes químicos e aos processos mecânicos empregados em sua produção. Realize o fichamento do artigo indicado a seguir, analisando qual é a importância do papel na história da humanidade, como são formadas as fibras celulósicas na formação do papel e quais são as principais questões ambientais acarretadas pela produção desse material tão essencial.

SANTOS, C. P. et al. Papel: como se fabrica? **Química Nova na Escola**, n. 14, nov. 2001. Disponível em: <https://www2.ibb.unesp.br/Museu_Escola/Ensino_Fundamental/Origami/Artigos/Papel_como_se_fabrica.pdf>. Acesso em: 5 mar. 2023.

Percurso concluído

A versatilidade da madeira como matéria-prima é inquestionável, sendo ela um produto de extrema importância para as indústrias moveleira e papeleira. Seus componentes específicos são parte fundamental na indústria, como no caso da celulose, que é aplicada tanto na fabricação de papel quanto na indústria farmacêutica, por exemplo.

Por isso, é necessário ter um amplo conhecimento sobre a madeira, seja como matéria-prima na indústria, seja como material de interesse para extração de determinado componente, como a lignina.

Neste livro, apresentamos conceitos básicos da química da madeira e a estrutura do tronco da árvore, sendo observadas as peculiaridades do material, como a anisotropia da madeira. Tratamos de um importante composto responsável pela estruturação da planta, a lignina, descrevendo sua composição química e suas propriedades e elencando sua classificação.

Na sequência, abordamos os tipos de plantas responsáveis pela produção de madeira, principalmente coníferas e folhosas. Também reunimos informações sobre os usos comerciais da madeira, enfocando desde os extrativos das plantas até a fabricação de painéis compensados e a extração da celulose, importante componente utilizado para diversos fins, principalmente na produção de papel.

O setor madeireiro vem demonstrando elevada capacidade de desenvolvimento, mas os desafios evidenciam a necessidade de gerir com mais eficiência todos os processos da cadeia florestal, que incluem as etapas de planejamento, de definição do mercado comprador da madeira, de escolha dos melhores fornecedores de materiais e serviços e de controle eficiente na compra de insumos. O objetivo é garantir melhores preços e prazos de entrega, bem como a escolha de máquinas e equipamentos mais adequados conforme topologia e condições climáticas, entre outras variáveis.

Dessa forma, esperamos que este livro tenha contribuído para complementar seus conhecimentos na área da química da madeira e você possa aplicá-los em indústrias, laboratórios ou salas de aula.

Referências

AKIL, H. M. et al. Kenaf Fiber Reinforced Composites: a Review. **Materials and Design**, v. 32, n. 8, p. 4107-4121, 2011.

ALEN, R. Basic Chemistry of Wood Delignification. **Papermaking Science and Technology**, v. 3, p. 58-104, 2000.

BALLONI, C. J. V. **Caracterização física e química da madeira de** *Pinus elliottii*. 41 f. Trabalho de Conclusão de Curso (Graduação em Engenharia Industrial Madeireira) – Universidade Estadual Paulista Júlio de Mesquita Filho, Itapeva, 2009. Disponível em: <http://www.if.ufrrj.br/biolig/art_citados/Caracteriza%C3%A7%C3%A3o%20f%C3%ADsica%20e%20qu%C3%ADmica%20da%20madeira%20de%20Pinus%20elliottii.pdf>. Acesso em: 5 mar. 2023.

BALOGH, D. T.; CURVELO, A. A. S.; DE GROOTE, R. A. M. C. Solvent Effects on Organosolv Lignin from *Pinus caribaea hondurensis*. **Holzforschung**, Berlin, v. 46, n. 4. p. 343-348.

BOM, R. P. **Cadeias de painéis de madeira**. União da Vitória: Ed. da Uniuv, 2008.

BONA, C.; BOEGER, M. R.; SANTOS, G. O. **Guia ilustrado de anatomia vegetal**. Ribeirão Preto: Holos, 2004.

BORTOLINI, K. et al. Análise de perfil de dissolução de cápsulas gastrorresistentes utilizando polímeros industriais com aplicação em farmácias magistrais. **Revista da Unifebe**, v. 1, n. 12, p. 175-183, 2013. Disponível em: <https://periodicos.unifebe.edu.br/index.php/RevistaUnifebe/article/view/210>. Acesso em: 5 mar. 2023.

BOTOSSO, P. C. **Identificação macroscópica de madeiras**: guia prático e noções básicas para o seu reconhecimento. Colombo: Embrapa Florestas, 2011. Disponível em: <https://www.embrapa.br/busca-de-publicacoes/-/publicacao/736957/identificacao-macroscopica-de-madeiras-guia-pratico-e-nocoes-basicas-para-o-seu-reconhecimento>. Acesso em: 5 mar. 2023.

BOURSCHEIT, A. Araucárias em rota de extinção são cortadas com aval dos órgãos públicos. **Revista Eletrônica Mongabay**, 15 mar. 2022. Disponível em: <https://brasil.mongabay.com/2022/03/araucarias-em-rota-de-extincao-sao-cortadas-com-aval-dos-orgaos-publicos>. Acesso em: 5 mar. 2023.

BROPHY, J. J. et al. Gas Chromatographic Quality Control for Oil of *Melaleuca* Terpien-4-ol Type (Australian Tea Tree). **Journal of Agricultural and Food Chemistry**, n. 37, p. 1330-1335, 1989. Disponível em: <https://sci-hub.hkvisa.net/10.1021/jf00089a027>. Acesso em: 5 mar. 2023.

BRUICE, P. Y. **Química orgânica**. 4. ed. São Paulo: Pearson Prentice Hall, 2006. v. 1.

BURGER, L. M.; RICHTER, H. G. **Anatomia da madeira**. São Paulo: Nobel, 1991.

CABRERA, F. C. **Membranas de borracha natural recobertas com nanopartículas de ouro**: síntese e caracterização. 92 f. Dissertação (mestrado em Ciência e Tecnologia de Materiais) – Universidade Estadual Paulista Júlio de Mesquita Filho, Presidente Prudente, 2012. Disponível em: <https://repositorio.unesp.br/handle/11449/99689>. Acesso em: 5 mar. 2023.

CAHN, R. S.; INGOLD, C.; PRELOG, V. Specification of Molecular Chirality. **Angewandte Chemie International Edition in English**, v. 5, n. 4, p. 385-415, 1966.

CAMPOS, C. I.; LAHR, F. A. R. MDF – Processo de produção, propriedades e aplicações. In: CONGRESSO BRASILEIRO DE ENGENHARIA E CIÊNCIA DOS MATERIAIS, 15., 2002, Natal. **Anais**... Disponível em: <https://www.ipen.br/biblioteca/cd/cbecimat/2002/arqs_pdf/pdf_200/tc206-028.pdf>. Acesso em: 5 mar. 2023.

CANEVAROLO JÚNIOR, S. B. **Ciências dos polímeros**: um texto básico para tecnólogos e engenheiros. São Paulo: Artliber, 2002.

CARVALHO, W. et al. Uma visão sobre a estrutura, composição e biodegradação da madeira. **Química Nova**, São Paulo, v. 32, n. 8, 2009. Disponível em: <https://www.scielo.br/j/qn/a/g9LMKTVzkCkFWhj5NJ9XGwv/?lang=pt>. Acesso em: 5 mar. 2023.

CASTRO, V. G.; GUIMARÃES, P. P. (Org.). **Deterioração e preservação da madeira**. Mossoró: Edufersa, 2018.

CECHINEL FILHO, V.; YUNES, R. A. Estratégias para a obtenção de compostos farmacologicamente ativos a partir de plantas medicinais: conceitos sobre modificação estrutural para otimização da atividade. **Química Nova**, v. 21, n. 1, p. 99-105, 1998. Disponível em: <https://quimicanova.sbq.org.br/detalhe_artigo.asp?id=2621>. Acesso em: 5 mar. 2023.

CETESB – Companhia Ambiental do Estado de São Paulo. **Ficha de informação toxicológica**: formaldeído. 2012. Disponível em <https://cetesb.sp.gov.br/laboratorios/wp-content/uploads/sites/24/2013/11/Formaldeido.pdf>. Acesso em: 5 mar. 2023.

CORADIN, V. T. R. **A estrutura anatômica da madeira e princípios para a sua identificação**. Brasília: LPF, 2002.

CORREIA, S. Hipótese do fluxo de massa. **Revista de Ciência Elementar**, Coimbra, v. 2, n. 1, 2014. Disponível em: <https://www.fc.up.pt/pessoas/jfgomes/pdf/vol_2_num_1_34_art_hipoteseFluxoMassa.pdf>. Acesso em: 5 mar. 2023.

CROPLIFE BRASIL. **O que é celulose?** Da extração à produção de papel. 6 ago. 2020. Disponível em: <https://croplifebrasil.org/noticias/da-celulose-ao-papel-como-funciona-essa-cadeia-produtiva/>. Acesso em: 5 mar. 2023.

DEL RÍO, J. C. et al. Determing the Influence of Eucalypt Lignin Composition in Paper Pulp Yield Using Py-GC/MS. **Journal of Analytical and Applied Pyrolysis**, v. 74, p. 110-115, 2005.

EMBRAPA – Empresa Brasileira de Pesquisa Agropecuária. **Embrapa Florestas**: o eucalipto. 2019. Disponível em: <embrapa.br/florestas/transferencia-de-tecnologia/eucalipto#:~:text=Segundo%20a%20Indústria%20Brasileira%20de,culturais%20e%20os%20insumos%20disponibilizados>. Acesso em: 5 mar. 2023.

FENGEL, D.; WEGENER, G. **Wood**: Chemistry, Ultrastructure, Reactions. New York: Walter de Gruyter, 1984.

FOMIN, I. M. et al. O arco do violino. **Revista Brasileira do Ensino de Física**, v. 4, n. 40, São Paulo, 2018. Disponível em: <https://www.scielo.br/j/rbef/a/wkF9hHQ9QFYHCdyMsyygmry/?lang=pt>. Acesso em: 3 mar. 2023.

FROEHLICH, P. L.; MOURA, A. B. D. Carvão vegetal: propriedades físico-químicas e principais aplicações. **Revista Tecnologia & Tendências**, v. 9, n. 1, jan./jun. 2014. Disponível em: <https://periodicos.feevale.br/seer/index.php/revistatecnologiaetendencias/article/view/1329>. Acesso em: 5 mar. 2023.

GATTO, A. et al. Estoque de carbono na biomassa de plantações de eucalipto na região centro-leste do estado de Minas Gerais. **Revista Árvore**, Viçosa, v. 35, n. 4, p. 895-905, 2011. Disponível em: <https://www.scielo.br/j/rarv/a/bw6zdw4sxbs9VzhgpqDd3qB/abstract/?lang=pt>. Acesso em: 5 mar. 2023.

GIGANTE, B. Resinas naturais. **Conservar Património**, Lisboa, n. 1, p. 33-46, 2005. Disponível em: <https://www.redalyc.org/pdf/5136/513653425004.pdf>. Acesso em: 5 mar. 2023.

GONSALVES, A. M. R.; SERRA, M. E. S.; EUSÉBIO, M. E. S. **Estereoquímica**. Coimbra: Coimbra University Press, 2011.

GONZAGA, A. L. **Madeira**: uso e conservação. Brasília: Iphan; Monumenta, 2006. (Cadernos Técnicos, v. 6). Disponível em: <http://portal.iphan.gov.br/uploads/publicacao/CadTec6_MadeiraUsoEConservacao.pdf>. Acesso em: 5 mar. 2023.

GORDEEFF, V. **Acabe com as suas dúvidas de MDF, HDF, MDP e compensado**. Disponível em: <https://www.gordeeff.com.br/post/tiposmadeira>. Acesso em: 5 mar. 2023.

GRANDINI, **Rastreamento do formol na produção de MDF e MDP a partir da madeira**. 57 f. Trabalho de Conclusão de Curso (Graduação em Engenharia Agroindustrial Agroquímica) – Universidade Federal do Rio Grande, Santo Antônio da Patrulha, 2014. Disponível em: <https://sistemas.furg.br/sistemas/sab/arquivos/conteudo_digital/000006470.pdf>. Acesso em: 5 mar. 2023.

GUIMARÃES, C. C. J. **Determinação da relação siringila/guaiacila de lignina *Eucalyptus* spp. por pirólise analítica**. 80 f. Dissertação (Mestrado em Tecnologia de Celulose e Papel) – Universidade Federal de Viçosa, Viçosa, 2013.

HEITENER, C.; DIMMEL, D.; SCHMIDT, J. **Lignin and Lignans**: Advances in Chemistry. Florida: CRC Press, 2010.

IBÁ – Indústria Brasileira de Árvores. **Relatório 2019**. Disponível em: <https://iba.org/datafiles/publicacoes/relatorios/iba-relatorioanual2019.pdf>. Acesso em: 5 mar. 2023.

JENSEN, W. B. The Origin of the Soxhlet Extractor. **Journal of Chemical Education**, v. 84, n. 12, p. 1913-1914, 2007.

JESUS, R. A. et al. Aplicabilidade da lignina no tratamento de resíduos aquosos. In: SIMPÓSIO DE ENGENHARIA DE PRODUÇÃO DE SERGIPE, 7., 2015, São Cristóvão. **Anais**... Disponível em: <https://ri.ufs.br/bitstream/riufs/8046/2/LigninaTratamentoResiduosAquosos.pdf>. Acesso em: 5 mar. 2023.

KLOCK, H. et al. **Química da madeira**. 3. ed. Curitiba: Ed. da UFPR, 2005.

KOMURA, R. K. **Investigação dos métodos de separação, uso e aplicação da lignina proveniente da biomassa lignocelulósica**. 50 f. Trabalho de Conclusão de Curso (Graduação em Engenharia Mecânica) – Universidade Estadual Paulista, Guaratinguetá, 2015. Disponível em: <https://repositorio.unesp.br/bitstream/handle/11449/139116/000865474.pdf?sequence=1>. Acesso em: 5 mar. 2023.

LAPIERRE, C. Application of New Methods for the Investigation of Lignin Structure. In: JUNG, H. G. et al. **Forage Cell Wall Structure and Digestibility**. Madison: American Society for Agronomy, 1993.

LIMA, A. R. et al. Impactos da monocultura de eucalipto sobre a estrutura agrária nas regiões norte e central do Espírito Santo. **Revista NERA**, Presidente Prudente, n. 34, ano 9, p. 12-36, 2016. Disponível em: <https://revista.fct.unesp.br/index.php/nera/article/view/4977>. Acesso em: 5 mar. 2023.

LIMA, L. M.; FRAGA, C. A. M.; BARREIRO, E. J. O renascimento de um fármaco: talidomida. **Química Nova**, v. 24, n. 5, p. 683-688, 2001. Disponível em: <https://quimicanova.sbq.org.br/detalhe_artigo.asp?id=796>. Acesso em: 5 mar. 2023.

LIN, S. Y.; DENCE, C. W. **Methods in Lignin Chemistry**. Berlin: Springer, 1992.

LINO, A. G. **Composição química e estrutural da lignina e lipídeos do bagaço e palha da cana-de-açúcar**. 97 f. Tese (Doutorado em Agroquímica) – Universidade Federal de Viçosa, Viçosa, 2015. Disponível em: <https://www.locus.ufv.br/bitstream/123456789/8522/1/texto%20completo.pdf>. Acesso em: 5 mar. 2023.

LIU, W. et al. Eco-Friendly Post-Consumer Cotton Waste Recycling for Regenerated Cellulose Fibers. **Carbohydrate Polymers**, v. 206, n. 15, p. 141-148, 2018.

LORENZI, H. **Árvores brasileiras**: manual de identificação e cultivo de plantas arbóreas nativas do Brasil. Nova Odessa: Plantarum, 1992.

MATTOS, R. L. G.; GONÇALVES, R. M.; CHAGAS, F. B. Painéis de madeira no Brasil: panorama e perspectivas. **BNDES**, Rio de Janeiro, n. 27, p. 121-156, mar. 2008. Disponível em: <https://web.bndes.gov.br/bib/jspui/handle/1408/2526>. Acesso em: 5 mar. 2023.

MIRANDA, M. C.; CASTELO, P. A. R. Avaliações anatômicas das fibras de madeira de *Parkia gigantocarpa* Ducke. **Ciência da Madeira**, Pelotas, v. 3, n. 2, p. 55-65, nov. 2012.

MOSCATTO, J. **Propriedades da madeira**. 4. ed. Curitiba: Ed. da UFPR, 2012.

NELSON, D. L.; COX, M. M. **Princípios de bioquímica de Lehninger**. 6. ed. Porto Alegre: Artmed, 2014.

NOGOCEKE, F. P. **Efeito tipo antimaníaco de R-(-) e S-(+) carvona em camundongos**. 46 f. Dissertação (Mestrado em Farmacologia) – Universidade Federal do Paraná, Curitiba, 2015. Disponível em: <https://acervodigital.ufpr.br/bitstream/handle/1884/38022/R%20-%20D%20-%20FRANCIANNE%20POLI%20NOGOCEKE.pdf?sequence=1&isAllowed=y>. Acesso em: 5 mar. 2023.

OLIVEIRA, J. N. B. **Anatomia das plantas superiores**. Universidade dos Açores, Ponta Delgada, 2011. Disponível em: <https://repositorio.uac.pt/handle/10400.3/1102>. Acesso em: 5 mar. 2023.

PANSHIN, A. J.; ZEEUW, C. **Textbook of Wood Technology**. 4. ed. New York: McGraw-Hill, 1980.

PAULA, E. J. de. et al. **Introdução à biologia das criptógamas**. São Paulo: Instituto de Biociências da USP, 2007.

PEDRAZZI, C. et al. **Química da madeira**. Santa Maria: Universidade Federal de Santa Maria, 2019. (Coleção Ciências Rurais, n. 27). Disponível em: <https://www.ufsm.br/app/uploads/sites/370/2021/05/QUIMICA_DA_MADEIRA_19_08_19_final.pdf>. Acesso em: 5 mar. 2023.

PEGO, M. F. F.; BIANCHI, M. L.; VEIGA, T. R. L. A. Avaliação das propriedades do bagaço de cana e bambu para produção de celulose e papel. **Revista de Ciências Agrárias**, v. 62, 2019. Disponível em: <https://ajaes.ufra.edu.br/index.php/ajaes/article/view/3158/1580>. Acesso em: 5 mar. 2023.

PEREIRA, M. C. S. **Produção e consumo de produtos florestais**: perspectivas para a Região Sul com ênfase em Santa Catarina. Florianópolis: BRDE, 2003.

PILÓ-VELOSO, D; NASCIMENTO, E. A.; MORAES, S. A. L. Analysis of *Eucalyptus grandis* Milled Wood Lignin. In: BRASILIAN SYMPOSIUM ON THE CHEMISTRY OF LIGNIN AND ODER WOOD COMPONENTS, 2., Campinas, 1991. **Proceedings**... Campinas: Ed. da Unicamp, 1992. p. 12-23. Disponível em: <https://www.eucalyptus.com.br/artigos/1992_Second+Symposium+Lignins+Wood+Components_Proceedings.pdf>. Acesso em: 5 mar. 2023.

QUEIROZ, E. et al. **Princípios ativos de plantas superiores**. 2. ed. São Carlos: EDUFSCar, 2014.

RALPH, J. Hydroxycinnamates in Lignification. **Phytochemistry Reviews**, n. 9, p. 65-83, 2010.

RALPH, J.; HELM, R. F. Lignin/Hychoxycinamic Acid/Polysaccharide Complexes: Syntetic Models for Regiochemical. In: JUNG, H. G. et al. **Forage Cell Wall Structure and Digestibility**. Madison: American Society of Agronomy, 1993.

RAMOS, L. P. The Chemistry Involved in the Steam Treatment of Lignocellulosic Materials. **Química Nova**, v. 26, n. 6, p. 863-871, 2003. Disponível em: <https://s3.sa-east-1.amazonaws.com/static.sites.sbq.org.br/quimicanova.sbq.org.br/pdf/Vol26No6_863_14-RV02170.pdf>. Acesso em: 5 mar. 2023.

RAVEN, P. H.; EVERT, R. F.; EICHHORN, S. E. **Biology of Plants**. 8. ed. New York: W. H. Freeman, 2007.

RENCORET, J. et al. Isolation and Structural Characterization of the Milled Wood Lignin, Dioxane Lignin, and Cellulolytic Lignin Preparations form Brewer's Spent Grain. **Journal Agricultural Food Chemistry**, n. 63, p. 603-613, 2015.

RIGATTO, P. A.; DEDECK, R. A.; MATTOS, J. L. M. Influência dos atributos do solo sobre a qualidade da madeira de Pinus taeda para produção de celulose Kraft. **Revista Árvore**, Viçosa, v. 28, n. 2, p. 267-273, 2004.

RIZZINI, C. T. **Árvores e madeiras úteis do Brasil**: manual de dendrologia brasileira. 2. ed. São Paulo: Blucher, 1978.

RODRIGUES, M. J.; PALMA, N. Indústria brasileira faz a sua parte na redução de emissões. **Agência CNI**. Disponível em: <https://noticias.portaldaindustria.com.br/noticias/sustentabilidade/industria-brasileira-faz-a-sua-parte-na-reducao-de-emissoes>. Acesso em: 5 mar. 2023.

ROWELL, R. M. **Handbook of Wood Chemistry and Wood Composites**. Florida: CRC Press, 2005.

SALIBA, E. O. S. **Caracterização química e microscópica das ligninas dos resíduos agrícolas de milho e de soja expostas à degradação ruminal e seu efeito sobre a digestibilidade dos carboidratos estruturais**. 236 f. Tese (Doutorado em Ciência Animal) – Universidade Federal de Minas Gerais, Belo Horizonte, 1998.

SALIBA, E. O. S. et al. Effect of Corn and Soybian Lignin Residues Submitted to the Ruminal Fermentation On Structural Carbohydrates Digestibility. **Arquivo Brasileiro de Medicina Veterinária e Zootecnia**, v. 51, n. 1, p. 85-88, 1999.

SALIBA, E. O. S. et al. Ligninas: métodos de obtenção e caracterização química. **Ciência Rural**, Santa Maria, v. 31, 2001.

SANTINI, E. J.; HASELEIN, C. R.; GATTO, D. A. Análise comparativa das propriedades físicas e mecânicas da madeira de três coníferas de florestas plantadas. **Ciência Florestal**, Santa Maria, v. 10, n. 1, p. 85-93, 2000.

SANTOS, C. P. et al. Papel: como se fabrica? **Química Nova na Escola**, n. 14, nov. 2001. Disponível em: <https://www2.ibb.unesp.br/Museu_Escola/Ensino_Fundamental/Origami/Artigos/Papel_como_se_fabrica.pdf>. Acesso em: 5 mar. 2023.

SANTOS, L. M. A. Madeiras. **Revista Científica Semana Acadêmica**, ed. 131, v. 1, 2018. Disponível em: <https://semanaacademica.org.br/artigo/madeiras>. Acesso em: 5 mar. 2023.

SELVA FLORESTAL. **Madeira de lei**: guia completo. 5 jul. 2021. Disponível em: <https://selvaflorestal.com/o-que-e-madeira-de-lei-saiba-tudo-sobre>. Acesso em: 5 mar. 2023.

SILVA, R. M. C. **O bambu no Brasil e no mundo**. Goiânia: [s.n.], 2005.

SILVEIRA, S. M. et al. Composição química e atividade antibacteriana dos óleos essenciais de *Cymbopogon winterianus* (citronela), *Eucalyptus paniculata* (eucalipto) e *Lavandula angustifolia* (lavanda). **Revista do Instituto Adolfo Lutz**, v. 3, n. 71, p. 471-480, 2012. Disponível em: <https://periodicos.saude.sp.gov.br/RIAL/article/view/32453>. Acesso em: 5 mar. 2023.

SJÖSTRÖM, E. **Wood Chemistry**: Fundamentals and Applications. 2. ed. San Diego: Academic Press, 1993.

SOARES, N. S. et al. A cadeia produtiva da celulose e do papel no Brasil. **Revista Floresta**, Curitiba, v. 40, n. 1, p. 1-22, jan./mar. 2010.

SOLOMONS, T. W. G.; CRAIG, B. F. **Química orgânica**. 8. ed. Rio de Janeiro: LTC, 2005. v. 1.

SOUSA, M. S. **Floresta no cerrado?** Dinâmica espacial da eucaliptocultura no sudoeste de Goiás. 336 f. Tese (Doutorado em Geografia) – Universidade Federal de Goiás, Goiânia, 2017.

SP LABOR. **O que são vidros de laboratório?** Disponível em: <https://www.splabor.com.br/blog/vidraria/como-funciona-o-extrator-de-soxhlet-saiba-mais>. Acesso em: 3 mar. 2023.

TAIZ, L.; ZEIGER, E. **Fisiologia vegetal**. 5. ed. Porto Alegre: Artmed, 2013.

TORQUATO, L. P. **Caracterização dos painéis MDF comerciais produzidos no Brasil**. 93 f. Dissertação (Mestrado em Ciências Florestais) – Universidade Federal do Paraná, Curitiba, 2008. Disponível em: <http://www.floresta.ufpr.br/pos-graduacao/defesas/pdf_ms/2008/d515_0712-M.pdf>. Acesso em: 5 mar. 2023.

VIDAL, J. M. et al. Preservação de madeiras no Brasil: histórico, cenário atual e tendências. **Ciência Florestal**, v. 1, n. 25, 2015.

VOLLHARDT, K. P. C; SCHORE, N. E. **Química orgânica**: estrutura e função. 4. ed. Porto Alegre: Bookman, 2004.

WASTOWSKI, A. D. **Química da madeira**. Rio de Janeiro: Interciência, 2018.

Jornadas químicas

WASTOWSKI, A. D. **Química da madeira**. Rio de Janeiro: Interciência, 2018.

Esse livro fornece uma ampla visão da química da madeira, abordando desde sua contextualização, com a isomeria de compostos orgânicos e os diversos sistemas de nomenclatura utilizados nessa área, até o estudo de estruturas essenciais para a caracterização da anatomia da madeira, indicando funções e processos, bem como os principais componentes e a respectiva importância na morfologia da planta.

SJÖSTRÖM, E. **Wood Chemistry**: Fundamentals and Applications. 2. ed. San Diego: Academic Press, 1993.

Essa obra facilita o entendimento sobre a química da madeira, uma vez que trata de sua estrutura e componentes de maneira simples e precisa, iniciando com a abordagem da configuração anatômica da madeira, passando pelos principais constituintes químicos, como lignina, extrativos, celulose e derivados, e finalizando com a constituição de produtos à base de madeira e subprodutos da celulose.

KLOCK, H. et al. **Química da madeira**. 3. ed. Curitiba: Ed. da UFPR, 2005.

O manual apresentado compreende a química da madeira a partir da perspectiva da composição química desse material como compósito natural, abordando, com uma visão mais prática, diversos tópicos, como estrutura da parede celular, componentes e análise química da madeira, e aprofundando-se nas substâncias químicas que permeiam a madeira, como celulose, lignina e componentes acidentais da madeira, principalmente extrativos.

GONZAGA, A. L. **Madeira**: uso e conservação. Brasília: Iphan; Monumenta, 2006. (Cadernos Técnicos, v. 6). Disponível em: <http://portal.iphan.gov.br/uploads/publicacao/CadTec6_MadeiraUsoEConservacao.pdf>. Acesso em: 30 dez. 2022.

Esse manual apresenta os fundamentos para o estudo da madeira do ponto de vista da conservação, visto que havia uma carência na literatura de livros, artigos e manuais que enfocassem o uso e a conservação de madeira por essa perspectiva. O manual aborda, de forma breve, tópicos da química da madeira, sua classificação comercial, sua degradação e os tratamentos aplicados para sua preservação.

BURGER, L. M.; RICHTER, H. G. **Anatomia da madeira**. São Paulo: Nobel, 1991.

Esse livro versa sobre a anatomia da madeira, considerando os diversos tipos de células que constituem os tecidos do tronco, sua organização e suas particularidades, com o objetivo de identificar os diversos tipos de madeira e as respectivas espécies e analisar o comportamento da madeira no que diz respeito ao seu emprego comercial.

Mapa da trilha

Capítulo 1

Desafios do percurso

1. c
2. a
3. e
4. b
5. d

Elementos práticos

1. Os enantiômeros apresentam as mesmas propriedades físicas entre si, variando apenas o desvio do plano da luz polarizada, sendo o R um dextrogiro (desvio da luz para a direita) e o S um levogiro (desvio da luz para a esquerda). Os problemas de má-formação congênita decorrentes do uso do enantiômero S estão relacionados à ação fisiológica distinta desse enantiômero, ou seja, os enantiômeros interagem de maneira distinta no organismo.

2. Sim. Para a molécula ter enantiômeros, ela deve ser assimétrica, ou seja, ter pelo menos um carbono quiral ou assimétrico, e a metanfetamina tem um carbono quiral.

Capítulo 2

Desafios do percurso

1. a
2. d
3. d
4. b
5. c

Elementos práticos

1. Não. Quando se fala em variações dimensionais decorrentes de retração e inchamento de madeiras, a maior alteração dimensional se manifesta no sentido tangencial aos anéis de crescimento, seguida pela dimensão radial, sendo praticamente desprezível no sentido longitudinal.

2. A lignina, um composto presente apenas na parede secundária das células vegetais e que garante grande resistência à planta.

Capítulo 3

Desafios do percurso

1. a
2. b
3. d
4. c
5. b

Elementos práticos

1.

Metoxila	Fenol	Álcool benzílico
(estrutura: —O—CH₃)	(estrutura: fenol com OH)	(estrutura: benzil álcool HO-CH₂-C₆H₅)
Hidroxila alifática	Carbonila	
(estrutura: cadeia alifática com OH)	(estrutura: C=O)	
A amostra 1 refere-se a uma planta folhosa, e a amostra 2, a uma planta conífera.		

2. Lignina de coníferas – são mais homogêneas, contendo quase que exclusivamente unidades guaiacila (ligninas-G); ligninas de folhosas – apresentam quantidades equivalentes de grupos guaiacila e siringila e pequenas unidades p-hidroxifenila (ligninas-GS); ligninas de gramíneas – apresentam maior quantidade de unidades p-hidroxifenila do que a quantidade encontrada em madeiras (coníferas ou folhosas), mas sempre em proporção menor do que as outras unidades (ligninas-GSH).

Capítulo 4

Desafios do percurso

1. d
2. e

3. c

4. d

5. d

Elementos práticos

1. Realizam-se triagens com modelos experimentais menos complexos e, após a seleção das substâncias puras ativas, estas são avaliadas em ensaios mais específicos e, posteriormente, submetidas à análise do mecanismo de ação biológica. O material vegetal passa pelo processo de maceração e, em seguida, por uma sequência de extração por solventes; assim, com a concentração por evaporação, são obtidos os extratos.

2. A composição química das resinas naturais pode sofrer alteração ao longo do tempo, em virtude da isomerização, da oxidação e da polimerização, por exposição ao ar e à luz. Essas alterações traduzem-se visualmente em alterações da cor, com progressivo escurecimento e perda de transparência e de brilho.

Capítulo 5

Desafios do percurso

1. a

2. c

3. b

4. b

5. c

Elementos práticos

1. Evolutivamente, o surgimento dos vasos condutores de seiva permitiu que a água e os nutrientes obtidos pelas raízes transitassem rapidamente por todas as partes da planta, contribuindo para seu crescimento.

   A capacidade de sintetizar lignina foi iniciada nesse grupo de plantas, sendo um acontecimento fundamental para sua evolução, pois a adição de lignina à parede celular tornou-as rígidas, o que permitiu que se mantivessem eretas, adquirindo, assim, grande porte e tornando-se a geração dominante do ciclo de vida.

2. As plantas do gênero *Eucalyptus* são consideradas perenifólias, ou seja, mantêm suas folhagens ao longo do ano inteiro, não passando por estágios de queda e ausência de folhas. Uma característica marcante do gênero é em relação a seu súber, podendo ter casca lisa ou rugosa, mas sempre muito grossa e que cobre todo o caule da planta. Os impactos causados pelo monocultivo de eucaliptos são diversos. Por terem alta capacidade de absorção de água pelas raízes, os eucaliptos são capazes provocar escassez hídrica, causando o ressecamento do solo e, consequentemente, maior exposição à erosão

Capítulo 6

Desafios do percurso

1. b
2. c

3. d

4. a

5. b

Elementos práticos

1. A finalidade é garantir que o fármaco não seja afetado pelas secreções gástricas. Por possibilitar que o medicamento seja liberado somente em locais com pH próximo à neutralidade, o revestimento de celulose protege o fármaco da ação do suco gástrico, cujo pH é em torno de 2,0.

2. Do ponto de vista da emissão de gás carbônico, a produção e a utilização de painéis de madeira podem ser consideradas ações sustentáveis, uma vez que estão associadas ao aspecto renovável da fonte de matérias-primas. Porém, no processo de fabricação dos painéis, o formol é empregado em grande escala e em diversas etapas da produção, gerando emissões atmosféricas, além de outros resíduos efluentes.

Sobre a autora

Allini Klos Rodrigues de Campos é mestra em Ciência do Solo pela Universidade Federal do Paraná (UFPR) e tecnóloga em Processos Químicos formada pela Sociedade Educacional de Santa Catarina (Sociesc). Já atuou como pesquisadora nas áreas de química ambiental e sustentabilidade. Foi docente dos cursos técnicos de Química e Meio Ambiente, na Secretaria de Estado da Educação do Paraná, e professora no Programa Nacional de Acesso ao Ensino Técnico e Emprego (Pronatec). Atualmente, é consultora e coordenadora de projetos na área de engenharia.